宝宝健康断奶餐

【日】高桥若奈◎著
方佳刚◎译

中国人口出版社
China Population Publishing House
全国百佳出版单位

图书在版编目（CIP）数据
宝宝餐大人饭一起做·宝宝健康断奶餐／（日）高桥若奈著；方佳刚译．--北京：中国人口出版社，2013.3
ISBN 978-7-5101-1650-6
Ⅰ.①宝… Ⅱ.①高… ②方… Ⅲ.①婴幼儿—保健—食谱 Ⅳ.①TS972.162
中国版本图书馆CIP数据核字(2013)第046149号

著作权合同登记号：01-2013-1351
OTONA GOHAN TO ISSHO NI TSUKURU AKACHAN GOHAN [RINYUSHOKUHEN]

Original Japanese edition published in 2012 by Nitto Shoin Honsha Co., Ltd.
Simplified Chinese Character rights arranged with Nitto Shoin Honsha Co., Ltd.
Through Beijing GW Culture Communications Co., Ltd.

宝宝餐大人饭一起做·宝宝健康断奶餐

（日）高桥若奈 著　方佳刚 译

出版发行　中国人口出版社
印　　刷　北京新华印刷有限公司
开　　本　710毫米×1000毫米　1/16
印　　张　16
字　　数　150千
版　　次　2013年4月第1版
印　　次　2013年4月第1次印刷
书　　号　ISBN 978-7-5101-1650-6
定　　价　39.80元

社　　长　陶庆军
网　　址　www.rkcbs.net
电子信箱　rkcbs@126.com
电　　话　（010）83594662
传　　真　（010）83519401
地　　址　北京市西城区广安门南街80号中加大厦
邮　　编　100054

关于本书

本书以婴幼儿的妈妈们为主体编辑，是一本与以往略显不同、“妈妈不用费心就能轻松应对”的宝宝断奶餐书籍。

现在回想起第一次给宝宝吃饭的时候，一边看着断奶餐的书，一边“宝宝吃了”“宝宝怎么不吃啊”担心的不得了，真是费了很大的心思啊！现在宝宝到了幼儿阶段，能够很好地吃饭了，自己当时操心的样子也几乎忘得差不多了。

对于断奶餐，妈妈们也不必过度担心。以我们的经验，只要尽量给宝宝选择容易消化的较小的食物，注意喂食方法等基本要点，“从大人的饭菜中，分出一部分给宝宝做断奶餐”就可以了。也不用过多要求宝宝吃饭，宝宝 1 岁半（最晚不过 2 岁）时就能够完成断奶了。这是通过宝宝的自身力量，自然而然地断奶。因此，大人不要每天满脑子只想着宝宝的断奶餐，先享受大人自己吃饭的快乐吧！本书编辑整理了大量简单的小菜谱，妈妈们在做饭的同时，分出一部分给宝宝就可以了。

妈妈们只要稍费一些功夫，将分出来的大人饭菜稍微加工一下，就可以方便宝宝进食了。尽量放松身体，轻松地看着宝宝度过断奶期。希望通过本书，妈妈们能够采用这种“分食大人饭菜”的方法将宝宝的断奶变得更轻松，快和宝宝一起享受可口的饭菜吧！

本书的扉页、第一章、第九章、Q&A 主要由高木美佐子（助产师）负责。

高木美佐子是 3 个孩子的妈妈，目前在东京的助产医院对因育儿产生烦恼的妈妈进行鼓励和指导。

照片中从左到右依次为：高木美佐子（助产师）、筱崎贵子（式样设计）、野村由纪（图案设计）、狩野绫子（编辑）、壬生 mariko（摄像）、石冢由香子（编辑）、高桥若奈（菜谱设计）

本书的使用方法

❶ ●●●● 标记

这些标记表示分取大人饭菜的时间

● 食粥期

● 味觉发育期

● 咀嚼期

● 断奶结束期

❷ 钟标志

制作断奶餐需要的时间。

❸ 材料

基本为大人 2 人份与宝宝 1 人份的量。根据不同的菜谱，标注了便于制作的分量。

食材的切法、处理方法和用量标注在食材右侧旁边。

一大勺 =15ml

一小勺 =5ml

1 杯 =200ml

❹ 字母“A”“B”

需要混合使用的食材请提前备好。

❺ 图

请以插图中食材软硬程度及切块的大小为标准。

黄油胡萝卜猪肉饭

<材料> 大人❷~❸+宝宝❶

	食材	用量
胡萝卜饭	米	500g
	水	320ml
	胡萝卜（去皮，捣碎）	100g
	黄油	15g
	洋葱（切片）	1/2 个
	猪肉（切碎放少量盐，胡椒）	200g
	灰树花（去根，掰块）	100g
A	水	400ml
	浓汤宝	1 个
	蔗糖	15ml
	法式沙司罐头	290g
	番茄沙司或番茄酱	30g
	盐、胡椒	少许
	香芹	适量
	生奶油	少许

<制作方法 ❶ ❷

1 将米淘洗干净，控水。胡萝卜去皮，捣碎。

2 放入1中的米、胡萝卜、水，浸泡 30 分钟。然后混合均匀，蒸饭。

3 平底锅加热，放入黄油，油热后放入洋葱，炒至颜色透明放入猪肉，灰树花，肉变色后，加入 A，小火炖 20~25 分钟。最后放入盐、胡椒调味。

4 在放入蒸好的胡萝卜饭中加入黄油，混合。盛放到碗中，将3浇到米饭上。

味觉发育期 分取还未放入黄油的胡萝卜饭，加入汤汁，煮软(胡萝卜粥风味)

咀嚼期后半期 3中还未加入胡椒时取出，将食材切成小块，用汤汁稀释。4中的胡萝卜饭用汤汁稀释、捣烂。

断奶结束期 将3中的食材切成适宜宝宝入口的小块，用汤汁稀释。4的胡萝卜饭用汤汁稀释，软化。

长成期 按喜好加入香芹和生奶油。

❸ ❹

要点

☐ 可用市场上卖的黄油面酱代替法式沙司。断奶后期再加入生奶油。剩余的胡萝卜泥可以做汤或沙司酱。

52

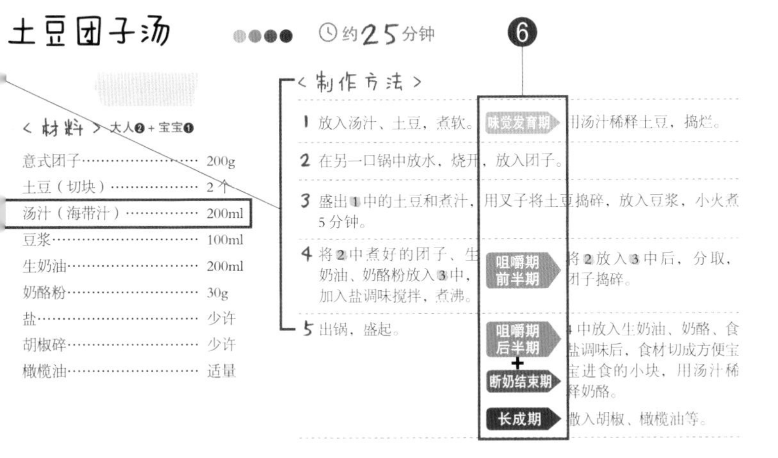

❻ 断奶各阶段的标准

- **食粥期** 5~8个月左右
- **味觉发育期** 7~12个月
- **咀嚼期** 11~14个月
- **断奶结束期** 12~18个月
- **长成期** 能够吃大人的饭菜

※ 根据需要，标注为“断奶初期”“断奶中期”“断奶后期”“断奶结束期”

❼ 制作方法

本书以大人饭菜的制作方法为基础。需要给宝宝分取食物的时候，加入 味觉发育期 等各个阶段的标注，对断奶餐的制作方法会进行说明。

烤制时间、蒸煮时间、微波加热时间（600W为基准）等为加热时间标准。做饭时请根据实际状况进行适当调整。

❽ 汤汁、菜汤

本书使用以下方法进行区分。

● 汤汁

指从海带、鲣鱼等食材中提取的浓缩汤汁。

分取大人饭菜的时候，经常使用到“汤汁”一词（断奶餐分取时使用的汤汁不在此范围内）。可根据个人喜好适当加入日式风味的浓缩汤汁。在推荐给您的菜单中，特定的浓缩汤汁种类都进行了标注。

● 菜汤

将“浓缩汤汁”与蔬菜、肉、鱼等一起煮制，煮好后的汤称之为“菜汤”

※ 在西式料理中表示为“汤”

断奶餐的各个阶段

本书将宝宝断奶期分为“食粥期”“味觉发育期”“咀嚼期”“断奶结束期”4个阶段，每个阶段都有一定的时间长度，也会有互相重叠的情况。

虽然分为4个阶段，但是各个阶段之间并没有严格的时间划分。受宝宝身体及其他状况的影响，各阶段之间也会出现反复，请根据宝宝的情况，灵活对应。

请妈妈们根据本页的参考表格，灵活地判断宝宝所处的断奶阶段。

断奶期开始阶段

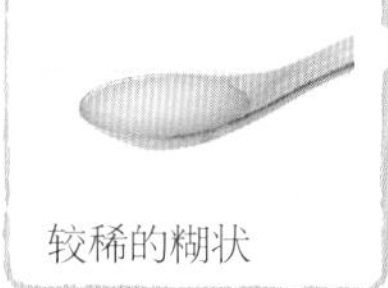

较稀的糊状

食粥期

5~8个月

宝宝吃母乳、奶粉之外食物的准备期。本阶段以粥为主，可逐步加入略带甜味的蔬菜汤。

味觉发育期

7~12个月

宝宝用舌头感觉并不断确认，逐渐能够品尝味道的阶段。在宝宝适应蔬菜汤后，可逐渐加入蛋白质等易消化、对宝宝胃肠负担较小的食物。

咀嚼期

11~14个月

逐渐能够用里面的臼齿咀嚼、食用「类似米饭一类食物」的阶段。可喂食蔬菜和蛋白质食物。

断奶结束期

12~18个月

宝宝想要与爸爸妈妈吃「一样的饭菜」的时期。

★其他划分标准：分为断奶初期（出生后5~6个月）、断奶中期（7~8个月）、断奶后期（9~11个月）断奶结束期（12~18个月）。

各个阶段断奶餐的基本状态

慢慢减少宝宝食物中的水分，逐渐变成黏糊状。

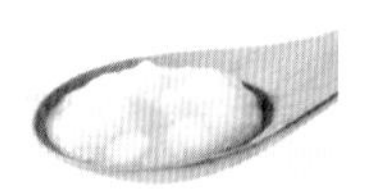

断奶餐中可逐渐出现整粒的米。

做成宝宝的牙齿能够咀嚼的硬度。

比大人的米饭略软的程度。

目录

第八章 大人和孩子都期待的——节日饭 /103

第九章 答疑解惑——断奶餐小知识 /119

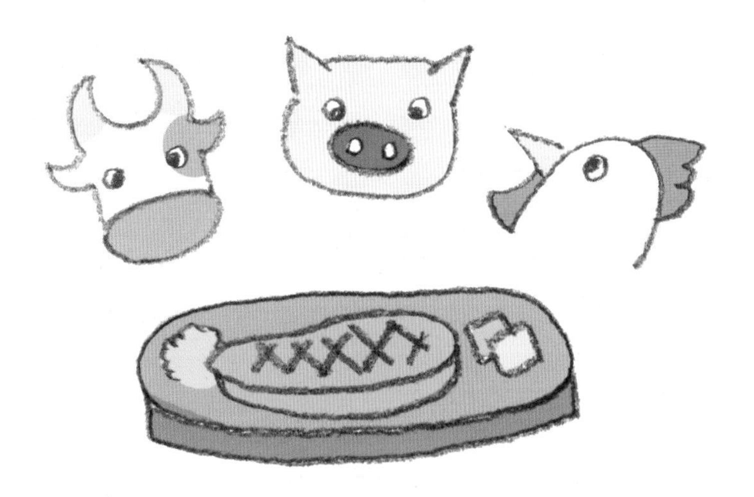

喂食断奶餐的须知

断奶餐的小窍门

宝宝 5 个月大以后，
开始逐渐对断奶餐产生兴趣。
掌握好关键要点，
耐心等待宝宝传递给
我们开始断奶的信息吧！

宝宝断奶餐从大人的饭菜中分取

除去一些宝宝不能吃的食物，尽量从大人的饭菜中分取制作宝宝的断奶餐

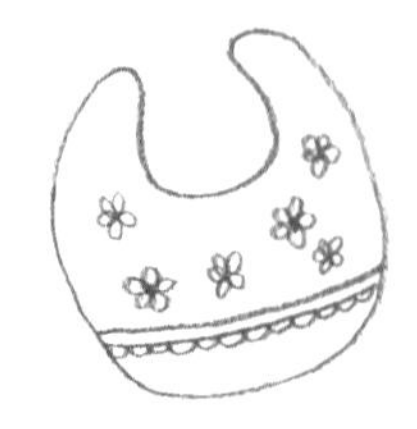

宝宝断奶餐的意义

宝宝出生后，以母乳或奶粉为主要食物。一段时间以后，虽然能够开始吃些固体的食物，但摄取固体食物，需要放入口中，咀嚼、吞咽、消化和吸收等，突然给只吃过母乳和奶粉的宝宝喂食固体食物，肯定是不行的。

由断奶餐逐步变为固体食物是需要练习过程的

在宝宝具备完备的进食能力前，从大人的饭菜中分取食物进行制作，对宝宝进行反复锻炼，是必不可少的步骤。在此练习过程中，宝宝所食用的就是“断奶餐”。

和大人吃一样的饭菜，宝宝更健康

大多数有几个宝宝的母亲，在照料第一个宝宝时，会单独给宝宝做断奶餐，但对于后面的宝宝，就很少单独做断奶餐了。由于照顾较年长的宝宝忙得不可开交，也抽不出时间单独给宝宝做饭，吃大人的饭菜的同时，逐渐就适应了与大人吃一样的饭。

说起断奶餐，妈妈们有没有“这是特别给宝宝吃的饭菜”这种想法呢？拼命地做一点宝宝吃的断奶餐，一不小心，弄出了比大人还要丰盛的菜单！是不是有种很奇怪的感觉？

哺乳动物的宝宝，出生后会进食奶水。伴随着不断地成长，逐渐自然而然地与父母吃相同的食物。自然界的猴子、长颈鹿、狗、狮子都是如此，妈妈也没有必要为宝宝单独准备特别的断奶餐。虽然在牙齿完全长成之前仍然会吃奶，但宝宝会对父母进食的样子不断模仿，直到能自己进食为止。

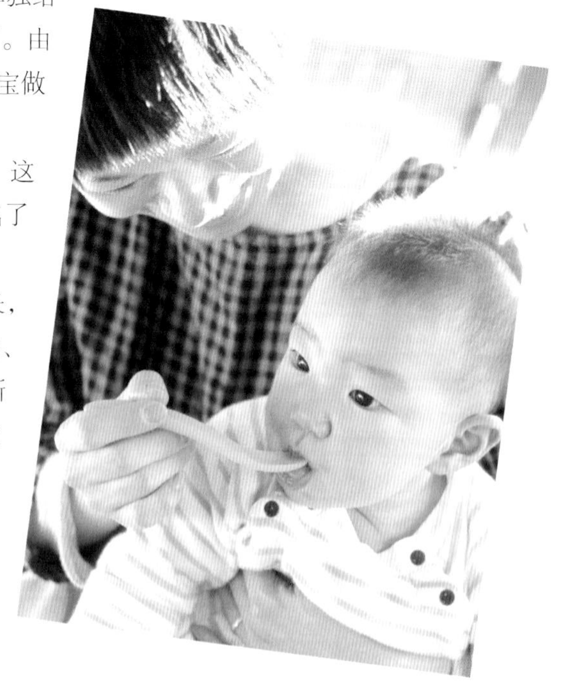

人类是唯一吃断奶餐的哺乳动物

哺乳动物中，为宝宝单独制作断奶食物的，只有我们人类中的一小部分吧。妈妈将自己的饭菜放在一边，单独为宝宝准备完全不同的断奶餐，小猴子的妈妈要是知道这些，应该会大吃一惊！

我们人类也是哺乳动物。在进食母乳、奶粉的同时，吃一些大人的食物进行练习，对于大人和宝宝都是一件轻松快乐的事。让我们遵循“到一定时期，宝宝自然而然能够与父母一起进食”这条哺乳动物的特性，分取我们的饭菜与宝宝一起分享吧！

重新认识大人的饮食

给宝宝做断奶餐是改善大人饮食的好机会

家长的饮食健康吗

- ☐ 是否能够保证做到一日三餐?
- ☐ 吃饭时是否能做到咀嚼充分呢?
- ☐ 有没有挑食的毛病呢?
- ☐ 是否考虑过营养平衡?
- ☐ 有没有边吃边看电视等不好的习惯呢?

端正家长们的吃饭态度

宝宝不挑食，什么食物都喜欢，并能够嚼烂后慢慢吃下，是所有家长的愿望吧！然而家长首先能做到这一点，才是宝宝养成好习惯的关键。宝宝最喜欢模仿家长的样子，如果家长挑食、吃饭狼吞虎咽，无论怎样教导宝宝“不要挑食、要细嚼慢咽”，宝宝也很难听得进去。

同时改善家长的饮食

宝宝开始进食断奶餐是家长重新认识自己饮食习惯的好机会。宝宝刚刚开始学习吃东西，父母吃的饭菜和饮食方法是他们最生动的课本。吃饭时要一家人一起围坐在餐桌旁，并有意识地向宝宝传递细嚼慢咽的良好习惯。相信，宝宝满岁生日的时候，就能够养成很好的吃饭习惯了。

重新认识大人的饮食吧

没有大人的饭菜，就做不出宝宝的饭菜。因此，让我们来重新认识一下大人的饮食吧！

营养平衡柱图（宝宝的营养平衡图与此相同），由维生素、矿物质、蛋白质 3 类物质组成。转换成食谱，就是以米饭、汤类，肉类，蔬菜为基础。家长难免会觉得烦躁，其实照顾宝宝可以很轻松。

首先，做好大人的饭菜。

其次，多准备些汤菜，这样可以节省做饭的时间和精力。

最后，再加上用鱼、肉、大豆、鸡蛋、乳制品等制作的主菜（富含蛋白质）和用蔬菜制作的副菜（富含维生素）就足够了。但如果妈妈特别忙实在没有时间的话、可以买些半成品回来（参照 P56~P57），简单加工一下，就能做成一顿营养丰富的饭菜了。

特别忙没有时间做饭的时候：蒸米饭、然后做些汤菜就足够了

理想情况：米饭、汤类，肉类，蔬菜

做好汤菜，轻松应对宝宝断奶期

做好了汤菜，一切变得如此简单

汤菜的好处

- 每天都能吃到各种各样不同的蔬菜。
- 美味的汤汁和蔬菜混合，使蔬菜吃起来更有味道。
- 在调味上下些功夫，大人和宝宝都会很喜欢吃。
- 加入一些蛋白质食材，一道美味的主菜就做好了。

菜汤活用

- 大人吃的米饭较硬，加入些菜汤，捣烂或煮软一下，就能给宝宝吃了。
- 宝宝平时不太喜欢的食物，也可加入些菜汤，搅成糊状，这样宝宝会比较容易接受。
- 使用汤汁，可以稀释味道较重的大人饭菜，这样宝宝也就可以吃了。

有的家庭平时没有吃汤菜的习惯，那就借着宝宝断奶餐的机会，来尝试一下吧！在工作很忙没有太多时间的情况下，提前多做出一些汤汁备用就可以了（汤汁可以冷藏保存2~3天，冷冻可以保存2~3周）。

如果还是没有时间的话也没有关系。可以使用颗粒状的浓汤宝（建议使用无化学调味料，无盐的产品）。学会灵活使用汤汁，宝宝断奶餐就简单许多了（详见第三章）。

开始喂食断奶餐

宝宝的情况不同，开始喂食断奶餐的时间也不尽相同

断奶时间只参照月龄不科学

断奶时间不仅仅要参照月龄，还要参考宝宝的实际情况来判断是否可以开始给宝宝吃东西。“家长吃饭时，宝宝羡慕地一直盯着看，看得妈妈都很不好意思时”，就可以分取一部分饭菜试着给宝宝吃了。一般这种情况出现在宝宝 5~6 个月的时候，但要注意这只是尝试的阶段。

宝宝 1 岁后，逐渐不再想吃黏糊状的食物，也会很明显地要求吃大人的饭。这是宝宝自发产生的“真正断奶的开始”。

医院和一些书中建议“在婴儿 5~6 个月时断奶”，但根据宝宝个体情况及消化能力不同，有些宝宝 5 个月后对食物仍旧没有什么兴趣。这时家长不顾实际情况开始喂食断奶餐的话，只会白白陷入“宝宝怎么不吃饭啊”的苦恼当中。

宝宝会告诉大人什么时候开始断奶

宝宝自己想吃饭是断奶的最重要依据。即便周围同龄的宝宝已经开始吃饭，医院也建议“应该断奶”等，妈妈也不要过于着急。每个宝宝的气质、个性，发育速度也各不相同。请耐心等待宝宝传递给我们“我要吃……”的信号吧!

判断宝宝开始断奶的标志

当宝宝传递出这些信号时，大人就试着开始给他断奶吧

喂养第一个宝宝时，妈妈们或许并不清楚宝宝是否在传递“我要吃东西”的信号。这并不要紧，试着喂一些食物，如果宝宝表现出很高兴很喜欢的样子，就说明可以断奶。如果宝宝表现出不喜欢，就用其他食物试一下或过段时间再试一试。

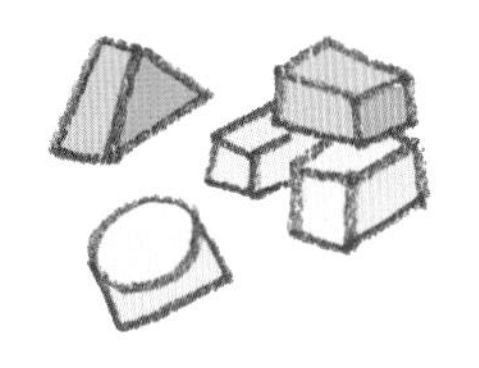

如何应对断奶餐不同阶段的状况

食粥期（5~8个月）

断奶餐准备期，宝宝逐渐接触乳汁以外的食物。

●从喂食一小勺稀米汤开始（第二章）。

●每天喂一次。

●最开始的一个月，根据宝宝实际情况每过 2~3 天增加一勺（请根据实际情况增减喂食。但要注意，1 岁之前，不要使宝宝对母乳或奶粉产生厌恶感）。

●宝宝适应“米粥”后，喂一些蔬菜汤（第三章）。

●喂宝宝新的蔬菜，要一种一种逐步增加。

●要宝宝适应断奶食品是此阶段的主要目标，营养的平衡可用母乳或奶粉进行调整。

谷物是宝宝力量和保持体温的能量之源。大米、面粉（面包、乌冬面、意大利面）、薯类等都属于谷物类。让宝宝从吃大米（米粥）开始，健健康康地成长吧。以吃大米为主，适当喂些面包进行调节。

味觉发育期（7~12个月）

宝宝开始进行“试食”的阶段。开始用舌头捣碎一些较柔软的食物，通过舌头来享受“味觉的发育”。

●宝宝如果表现出很高兴的样子，可以再喂一次。

●以米粥和蔬菜为主（第四章）。

●如果饭菜中有第一次喂宝宝吃的食物，每次只能喂一种。

●营养的补充仍主要来源于奶粉或母乳。

●味觉发育期后半阶段（8~9 个月），作为蛋白质的补充，可以增加一些豆制品，妈妈要有意识地注意营养的平衡。

●尽量做一些清淡的食物。

蔬菜是维生素和矿物质的主要来源。其中包括海藻、蘑菇、水果等。可以将蔬菜切成适合宝宝吃的小块后煮烂或适当搅碎，加到宝宝的断奶餐中。时令蔬菜味道最好，并且能很好地搭配各种味道。宝宝一般比较喜欢水果，但由于含有较多的糖分，等宝宝适应米饭和蔬菜后，再给宝宝少量吃些水果。

宝宝的嘴部动作：

喂食后，宝宝下嘴唇向内蠕动（类似吃奶的动作）。

咀嚼期(11~14个月)

逐渐能够吃些米饭类的食物。能够看到宝宝学着用牙龈磨碎食物。

●每天喂宝宝3次。

●在蔬菜食物中加入碳水化合物（第五章），并试着喂少量蛋白质（第六章）。

●给有过敏史的宝宝喂食蛋白质要特别注意。

●饭菜要清淡。

豆制品、鱼、肉、鸡蛋、乳制品等是宝宝必不可少的营养来源。虽然营养的平衡非常重要，但餐餐加强营养就有些过头了。

断奶结束期（12~18个月）

能够逐渐和家人一起吃饭，并能够用牙齿咀嚼食物。

●和大人饭菜基本相同，只要口味清淡、不要太硬就可以。

虽然到了真正断奶的阶段，但强行停止喂奶有些宝宝反而会变得不喜欢吃饭。保险起见，适当保持喂食一些母乳或奶粉，并锻炼宝宝养成好好吃饭的习惯。

注意事项

□ 吃饭的时候是不是很高兴？

□ 有没有拉稀或便秘的情况？

□ 皮肤是否有发红、发痒或湿疹的情况？

宝宝个体情况不同，食量会有所差异。请根据实际情况增减喂食。但要注意，1岁之前，不要使宝宝对母乳或奶粉产生厌恶感。

宝宝的嘴部动作：

喂食后，宝宝嘴巴呈一条直线，使用上腭和舌头磨碎食物。

宝宝的嘴部动作：

用舌头将食物推到臼齿处、由于不断咀嚼，宝宝嘴唇偏向咀嚼食物的一侧。

根据营养成分，各种断奶食物的喂食顺序 P124~P129

喂食断奶餐要根据宝宝的情况来进行

若能与宝宝的发育情况相吻合，断奶餐的开始和推进也就变得轻松简单了

喂食断奶餐不能过早

宝宝的消化系统还未发育完全，太早吃断奶餐，会出现“喂给宝宝的食物没有消化，就被宝宝排出体外”的情况，同时会增加宝宝的肠胃负担，甚至会出现腹泻或便秘的情况。

此外，如果喂较硬或较大的食物，宝宝也只会吞咽，不能对咀嚼起到锻炼作用。

对于过敏体质的宝宝，食物进入身体后可能引发排斥反应。不顾实际情况不断喂食的话，会使宝宝对吃饭更加排斥。

喂食断奶餐不能过晚

太晚喂食断奶餐也不好。如果错过宝宝主动想吃饭的时机，食欲、咀嚼能力发育等都可能会变得更难。

注意观察宝宝传递“想要吃饭”的信号

开始断奶餐过早过晚都不行。其实，平时吃饭时多观察宝宝，就一定会发现宝宝表现出很想吃饭的信号。

吃断奶餐是个循序渐进的过程

有的宝宝刚过 5 个月的时候就想吃东西，也有 10 个月后对饭菜还没什么兴趣的。

有的宝宝原本很喜欢吃饭，突然就没了食欲；或者喜欢吃红薯，除此之外什么都不吃；不是所有的情况都会按照日程表那样规律，所以妈妈们不用着急，一般来说，1 岁半（晚些 2 岁）左右，宝宝就能完全断奶了。

在宝宝的断奶过程中，也会有波动和反复，但这些都是正常现象。

断奶餐与母乳、奶粉的关系

断奶的同时，不要忘了补充母乳和奶粉

母乳和奶粉是宝宝营养的主要来源

1 岁半之前，宝宝的消化功能还未发育完全，所以要保持母乳与奶粉的供给以保证营养。

另外由于宝宝身材矮小、体重较轻、母乳不足、工作或想交给其他人照看的情况下，妈妈可能会希望更早地给宝宝断奶。比起喂奶，喂宝宝食物会让父母更轻松一些。

正确使用奶粉

“奶粉是母乳不足时的替代品，尽量不要使用奶粉”相信家长多少会有这些负面想法。其实奶粉极易吸收，是非常不错的选择。所谓断奶，就是“脱离母乳的喂养，用其他的食物保证营养的供给”。带着这种想法，奶粉就成了断奶餐的一种，所以我们要好好利用。宝宝还不能吃米饭我们就先喂些米粥；牛奶还消化不了就暂时喂些奶粉。

图①喜欢吃母乳和奶粉的宝宝

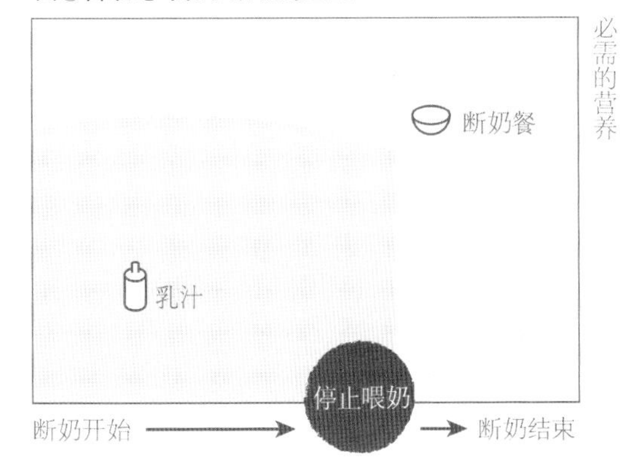

图②喜欢吃饭的宝宝

营养的补充因宝宝而异

参照上图，我们看到有的宝宝开始断奶餐后仍喜欢进食母乳和奶粉（图①），而有的宝宝则非常喜欢吃饭，所以母乳和奶粉的摄入量逐渐减少（图②）。

食用断奶餐的同时，宝宝 1 岁时仍没有减少母乳和奶粉的必要；但 1 岁半以后，如果宝宝有挑食、不按时吃饭等问题，可以考虑停止母乳和奶粉的喂养。很多宝宝断奶后食欲不错，也能够很好地吃饭。

分取大人饭菜制作断奶餐的小技巧

从大人饭菜中分取制作断奶餐的5大要点

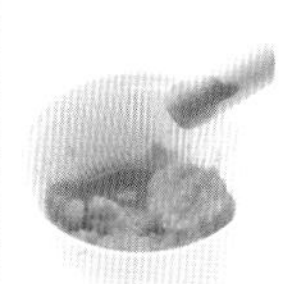

❶ 搅碎

在做饭过程中，取出断奶餐使用的材料，用汤汁稀释后搅碎，一道简单的断奶餐就做好了。

❷ 分解

将较软的肉用筷子或叉子分取出来。

❸ 稀释

常备些汤汁，将大人的饭菜用汤汁稀释，调淡味道。

❹ 勾芡

宝宝吃起来较困难时，可以加入淀粉调成糊状，方便宝宝进食。

❺ 切碎

蔬菜叶尖等较柔软的部分，可以切成宝宝容易进食的大小。蔬菜切断纤维，肉类切断肉筋，这样宝宝吃起来就方便多了。

【切断纤维的方法】

洋葱

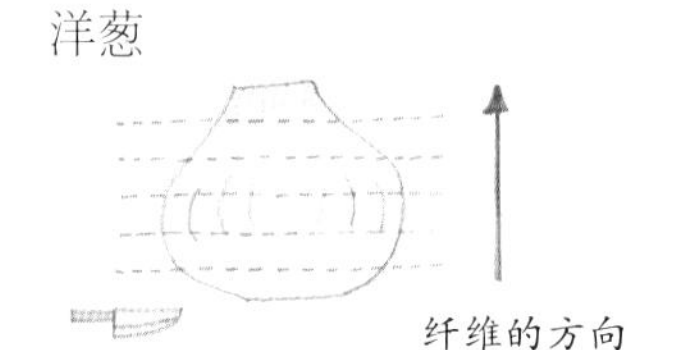

垂直纤维方向切。

萝卜

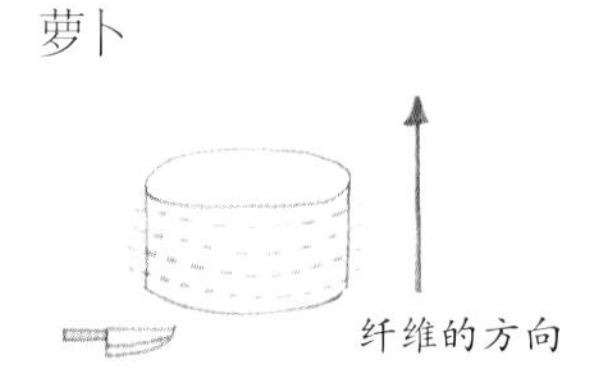

纤维是横向的，沿着萝卜的纤维切。

白菜

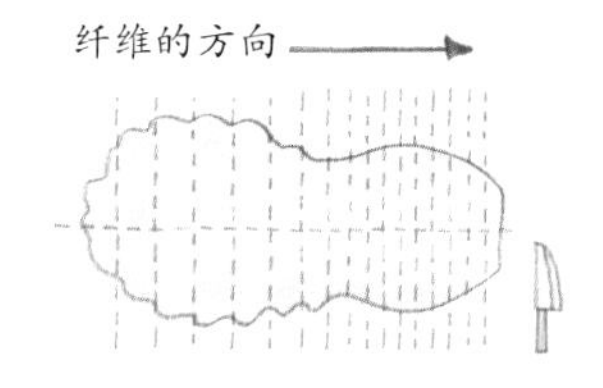

（使用较柔软的菜叶）竖切后垂直纤维方向切细丝。

芦笋

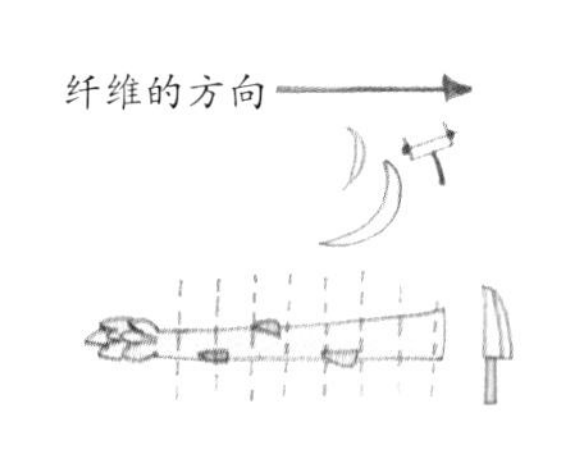

下半部分去皮、切小块或斜切。

除此之外，断奶餐还有过滤食物等加工方法。如果宝宝还处在只能吃糊状食物的阶段，我们也可以等他再长大点后再开始断奶。搅碎或用汤汁将较硬的食物软化，就可以了。

分取制作的详细步骤

以萝卜酱汤为例，做饭时分取的半成品，可在制作大人和宝宝饭时充分使用。参照下面的流程表，找一找适合你的方法

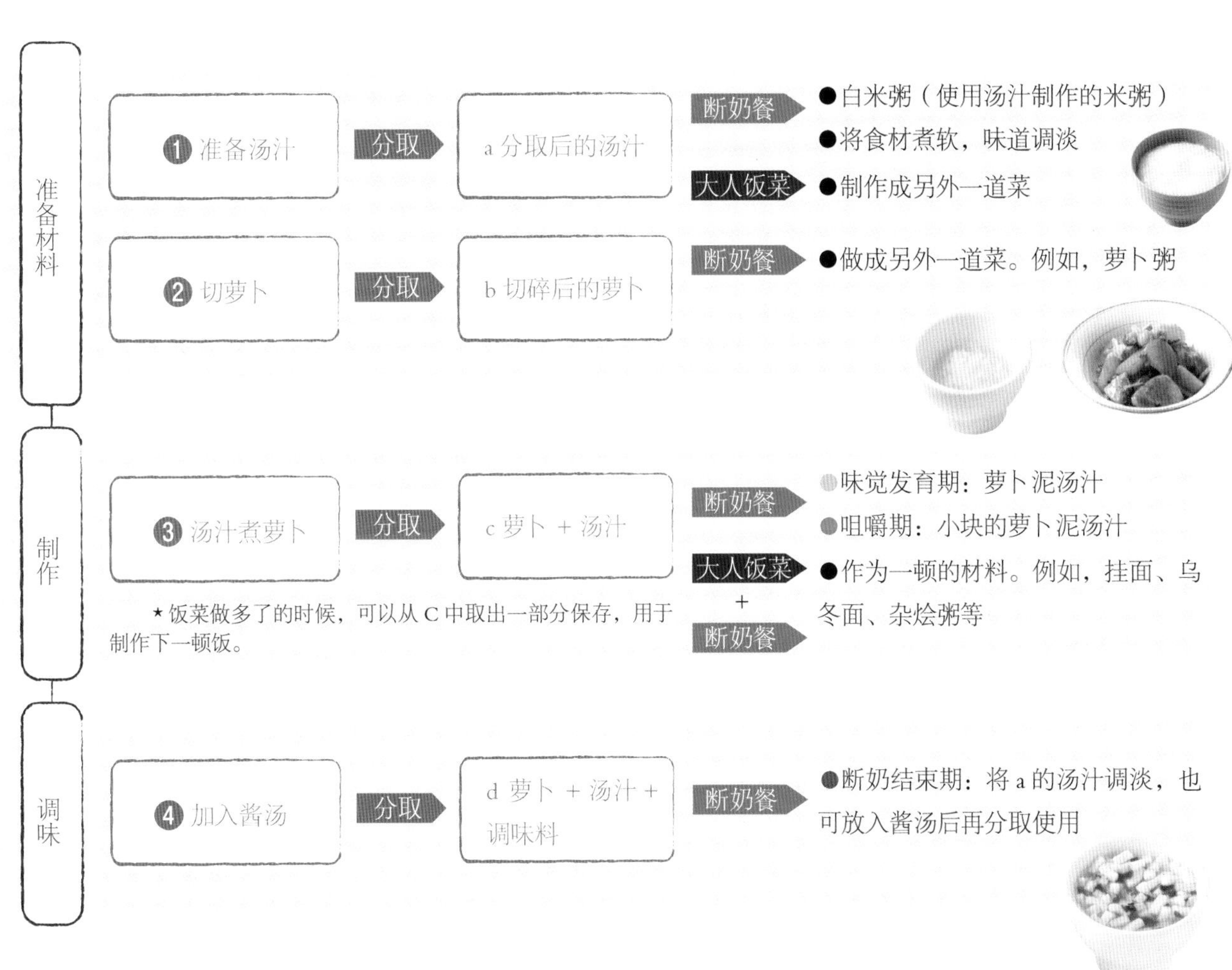

给1岁后的宝宝喂味道较浓或非常油腻的食物时，可以先漂烫或者用汤汁稀释一下。

分取制作的时机

①在宝宝不能吃的食材放入之前。
②调味之前。
③油腻的食材放入之前。

宝宝讨厌吃断奶餐，只喜欢吃母乳或奶粉怎么办？

A 硬喂宝宝吃断奶餐会起反作用。

9~10 个月大的宝宝，只喜欢吃母乳或奶粉是很正常的现象，家长不用担心。我们要有“宝宝到 1 岁左右自然会想要吃东西”的平常心态。如果周围同龄的宝宝都开始吃饭，并听到“宝宝还没有开始吃饭啊？”的疑问时，请妈妈们不要着急。

突然给宝宝喂食糊状的断奶餐，他不会有什么兴趣。妈妈千方百计地要给宝宝吃东西，有的宝宝反而会变得不配合，如果在断奶餐开始的时候强行喂食，使宝宝对吃饭产生反感的情绪，家长将会更加头疼。宝宝想睡觉时就让他休息；想排便时就帮助他排便；感觉肚子饿了时就给他吃些好吃的食物，我们要重视宝宝这些自然而然的要求。因为每天看到家长快乐吃饭的样子，宝宝会自然地想要与大家一起吃。

虽然宝宝只有 4 个月，但是长得很大，能提前给他喂食断奶餐吗？

A 不要根据宝宝个头的大小来决定是否开始断奶餐。

断奶餐的开始不是依据个头大小，而是由宝宝的发育情况来决定。5~6 个月时，宝宝看到妈妈吃东西会流口水，这时宝宝才做好了吃断奶餐的准备。并且宝宝对食物的兴趣因个体而异，开始时间对于不同宝宝也大有不同。并不能按照月份大小来判断是否开始断奶。让我们注意观察宝宝的一举一动，耐心等待宝宝发出信号吧！

第一次喂宝宝断奶餐的时候，应该注意些什么呢？

A 注意宝宝的心情、排便、皮肤等的变化。

宝宝开始吃断奶餐一个月后，每次只给宝宝添加一种食物。这样宝宝有什么反应的话，家长能够及时找出问题的原因。试着喂一口，宝宝很高兴很喜欢的话，就可以喂第二口、第三口……喂新的食物时，要特别注意宝宝心情、排便和皮肤状况的变化。

第二章

给宝宝尝尝米的香味

米 粥

第一次能够翻身、坐起……随着宝宝许许多多的第一次，
终于可以第一次吃饭了。
一家人的饭一起做，真是很幸福啊!
这有纪念意义的“第一口饭”，
就给他吃些精心制作的米粥吧!

断奶餐从喂食米粥开始

米粥淡淡的甜味与母乳的甜味非常相似。并且米饭是最重要的主食，能够与其他各种料理搭配，天天吃也不会觉得厌。

宝宝是否想吃，由宝宝来“告诉”我们。

从碗中取出一口米饭，试着喂给宝宝。如果宝宝张开嘴表现出很想吃的样子，就先喂他一些米汤。（参照第 4 页）。这里的米汤，指的是煮饭后米粥上面的清汤。

这时我们就可以试着用砂锅给宝宝做真正的米粥了！如果觉得米粒有些硬，也可使用电饭锅做。

最开始时，宝宝还不能很自如的进食，吃的时候会有粥流到嘴外的情况。有的宝宝第一次吃清汤米粥会表现出很好吃的样子，有些宝宝则会把粥吐出来表现出“这是什么奇怪的东西啊”的表情。这些都是很正常的。

不要直接把汤勺放到宝宝嘴里，静静地等待宝宝自己将嘴巴张开。在宝宝适应清汤粥后，再喂食米粥，并逐步减少粥里面水分，直到宝宝可以吃米粒较硬的粥。这期间不要忘了注意观察宝宝的反应，循序渐进。在完全适应后，可以试着在粥中加些菜汤。对于不喜欢喝粥的宝宝，可以加很少量的盐调味。

粥·米饭推进表

在断奶餐初期可以以大米为主制作断奶餐，这样能很自然地过渡到米饭、汤菜中加入些小菜的断奶餐了。

断奶餐开始 米粥清汤

宝宝断奶餐从 1 小勺清汤米粥开始。如果宝宝不喜欢、吐出来的话，就迟一些再开始断奶餐。

食粥期 10~5 分稀的粥

将米和水按照 1:10 的比例熬制成米粥并捣烂。开始时喂几勺较黏稠的米粥。然后逐渐增加米粥黏稠度。后期加入盐或一些菜汤调味。

喂食米粥的各个阶段

●断奶餐开始期：喂 1 小勺米粥清汤后。如果宝宝很喜欢的话，第二天可以再喂 1~2 勺，慢慢加量。

●食粥期：适应米粥清汤后，可以喂宝宝一些米粒捣得十分烂的粥。在开始断奶餐的第 1 个月，要以米粥为主，不要喂其他的东西。之后喂一些用蔬菜汤、海带汁稀释的粥。

●味觉发育期：逐渐减少粥中的水分，用鲣鱼、沙丁鱼等汤汁稀释的杂烩粥或蔬菜粥也可以。

●咀嚼期：由较稀的粥过渡到较软的米饭。加入沙丁鱼干或鱼白肉也可以。

●断奶结束期：吃与家长一样的米饭。

要点

- □ 从米粥清汤开始。
- □ 清汤适应后，喂食捣烂的稀粥。
- □ 逐渐减少水分，喂食较硬的米粥。
- □ 参照宝宝的情况循序渐进。
- □ 适应米粥后，加入些菜汤。

味觉发育期　5 分稀的粥

按照 1 : 5 的比例熬制，粗略捣烂至宝宝舌头能够捣碎的程度即可。可以加入蔬菜做成蔬菜粥。

咀嚼期　3 分稀的粥 ~ 软饭

按照 1 : 3 的比例熬制，大概做成宝宝齿龈能够磨碎的硬度。注意不要让宝宝直接吞咽，并随时调整粥的硬度和水分。可以加些小沙丁鱼干或者鱼白肉小菜。

断奶结束期　软饭 ~ 米饭

将米和水按 1 : 1.2 或 1 : 1.5 的比例煮米饭。由于宝宝咀嚼能力正在发育，所以米饭不要太软。可以适当加些食材，但注意保持味道清淡。

做饭的基础——米粥

约70分钟

<材料> 便于操作的分量

10分稀的粥	米	……50g
	水	……500ml
5分稀的粥	米	……50g
	水	……250ml
3分稀的粥	米	……50g
	水	……150ml
软米饭	米	……50g
	水	……100ml

※ 请根据炊具的大小调整上述比率

<制作方法>

淘米时不要过于用力

1 将米淘干净，水分控干。

2 将量好的米和水放入锅中，放置30分钟。

注意不要让水溢出

3 盖盖儿，大火煮。沸腾后转成小火，掀开锅盖煮50分钟。

沸腾后转成小火

4 关火，盖盖儿焖10分钟。

断奶开始期　从做好的米粥中取出部分清汤，冷藏。

食粥期　10分稀粥将煮好的粥捣烂，调整硬度。

味觉发育期　5分稀的粥。

咀嚼期　3分稀粥～软米饭。

断奶结束期　软米饭～一般米饭。

要点

☐ 用砂锅或较厚的陶瓷锅煮的米粥要更好吃一点，虽然有些麻烦，但妈妈们值得一试！

☐ 掌握好水量和火候后，就会觉得做粥出奇的简单。吃粥对肠胃非常好，适合家长周末在家制作。

煮粥做法大全

这可是经过妈妈们的亲身试验哦

米粥虽然很好吃，但天天都吃还是有些受不了啊！

我们还有其他做粥的好方法。这些方法可是通过了妈妈们的亲自考验哟。请参考这些方法，选择适合自己的一种吧！

电饭锅煮粥

电饭锅煮粥是最方便的。由于电饭锅在不断改进，使用煮粥模式就能做一顿很美味的米粥了。但冷冻后味道一般。

味道：（煮后）★★~★★★★
（冷藏后）★★~★★★
操作性：★★★★

电饭锅中放入熬粥杯

用电饭锅蒸米饭时，放入熬粥杯（也可用茶碗代替）。

味道：（煮后）★★
（冷藏后）★
操作性：★★★★★

用米饭熬的米粥

将米饭加入水再加热熬制的米粥味道不会很好。但加入菜汤就成了好吃的杂烩粥。

味道：（煮后）★（加入汤汁后）★★★★
（冷藏后）★
操作性：★★★★★

砂锅煮粥

还是用砂锅慢慢熬制的米粥味道比较特别。妈妈们有时间的话，一定要试一下哦！慢慢熬制的米粥，冷藏后也能保持美味。

味道：（煮后）★★★★★
（冷藏后）★★★★
操作性：★

冷冻米粥

妈妈做好了米粥，但一般宝宝只能吃很少一点。剩下的可以冷冻起来。比起刚做好的粥，虽然味道上总会有些差异，但是非常方便。

结 论
按美味程度

第1名 砂锅

第2名 电饭锅
第3名 电饭锅熬粥杯
第4名 用米饭熬制的粥

砂锅熬粥最好吃，但如果仅仅只为了做粥的话，也可以用其他几种方法。每次煮好后给宝宝吃，注意喂食的方法就可以了。如果没时间每次都做，可以用汤汁将米饭重新煮一下，或者将做好的米粥冷冻好，下次使用。

配菜粥

●●● 约12分钟

< 材料 > 大人❷ + 宝宝❶

米饭…………………………………………… 100g
汤汁…………………………………………… 300ml
沙丁鱼干……………………………………… 适量

< 制作方法 >

1 将宝宝吃的沙丁鱼干放到漏勺中，用热水泡开备用。

2 放入汤汁与米饭，中火煮 8~10 分钟。

3 盛饭，将❶中泡好的沙丁鱼干放到粥上。

要点

☐ 为去除沙丁鱼干中的盐分，要用热水泡发。如果想更好地保留蛋白质成分，可以使用加热后的鱼白肉、豆腐或鸡肉丝。

蔬菜粥

●●●● 约15分钟

< 材料 > 大人❷ + 宝宝❶

米饭…………………………………………… 100g
水……………………………………………… 350ml
南瓜（切块）………………………………… 60g
海带（5×5cm 的小块）…………………… 1 片

< 制作方法 >

1 加入水和海带，开火，快要沸腾时取出海带。

2 加入米饭和南瓜，中火煮 10~12 分钟，并去除表面漂沫。

要点

☐ 土豆、萝卜等根茎蔬菜都可使用。大人吃的粥可加盐调味。

大人也喜欢的米粥

费尽心思为宝宝制作的米粥，加入一些配菜，大人也来品尝一下吧
希望妈妈们能多多尝试，找到适合自己的配菜粥

1. 黄油鳕鱼籽：黄油和鳕鱼籽的搭配很绝妙。

2. 咸味海带：传统风味，海带与粥的绝配。

3. 泡菜：米粥总是少不了这个。

4. 酱油蛋黄：将蛋黄在酱油中浸渍 30 分钟就是难得的美味。

5. 榨菜：加一些榨菜就显示出中华料理的风味。可以按个人喜好加些香油。

开始断奶餐后，宝宝的便便变稀了，怎么办？

A 调整一下饭量和食物硬度，如果宝宝负担过重的话，断奶餐可以暂停一段时间。

只吃母乳的宝宝，在开始吃断奶餐后排便容易发生一些变化。如果宝宝出现较长时间的拉稀现象，就需要调整一下食量和食物的软硬程度了。吃得太多、食物较硬、纤维较多等，都可能引起宝宝消化不良，导致宝宝便秘。此时，可以将断奶餐调回到上一阶段，喂些较柔软的食物，适当减少饭量。

如果宝宝的情况仍不好转，可以试着暂停。这段时间，主要喂些母乳或奶粉，先将宝宝的身体状况调整好。留心宝宝对断奶餐的食欲及宝宝的肠胃状况，一般中断几天断奶餐不会产生什么影响。等便便成形后，再开始喂给宝宝食物。

Q 断奶餐怎么调味？可以使用调味品吗？

A 7~8 个月开始，可以添加少量的调味品。

如果宝宝不喜欢吃白米粥的话，可以放入一点盐调味。

6~7 个月的宝宝，喂食的蔬菜汤不要调味，汤汁和蔬菜里的咸淡能够使宝宝品尝到味道。7~8 个月开始，就可以放入少量的酱汤和酱油了。进入咀嚼期，蛋黄酱和番茄酱可以列入宝宝的食谱当中，但注意味道不要过浓。

Q 宝宝想吃就给他吃，可以吗？

A 断奶早期吃饭较多，容易导致宝宝养成吞咽食物的坏习惯。

1 岁左右的宝宝消化能力还未发育完全，有些食欲好的宝宝，食物放入口中马上就吞下去，或嘴里塞满食物多得甚至要吐出来。在断奶初期过量喂食，容易导致宝宝养成吞咽食物的坏习惯，家长一定要注意。

对于特别喜欢吃饭的宝宝，妈妈们可以在喂食之前给宝宝多吃些母乳或奶粉，吃饭时不那么饿，也就不易发生虎咽食物的情况。

1 岁 2~3 个月之前，可将母乳或奶粉作为一种辅食，这样不会增加宝宝的负担。当宝宝能够使用臼齿很好的咀嚼、消化，便便中未消化的食物很少时，就可以以喂食断奶餐为主了。

第三章

断奶餐的大救星

汤 菜

每天做一次汤菜，
断奶也就变得容易多了。
大人、小孩都可以很方便地
吃到可口饭菜了。

大人宝宝饭菜轻松做——汤菜

制作断奶餐，汤菜必不可少

加入汤汁，大人和宝宝就都能够轻松吃到可口的饭菜了。也可加入面条、米饭，或进行适当调味。每次多做一点，连下顿饭都准备出来了，好处还真是不少。

多准备一些汤汁，调味之前取出一些菜汤。把大人吃的米饭取出一部分，捣碎后与菜汤一起混合，宝宝的断奶餐就做好了。

为大人准备的小菜对于宝宝来说较硬，味道也过浓，使用汤汁将味道稀释并煮软，吃起来非常容易消化。

最方便的就是，每天多做出一些汤菜，可放在第二天的饭菜中。在调味之前，取出多做的菜汤放入冰箱冷藏。第二天，稍微加工一下，就变成了另外一道美味佳肴了。

有了汤菜，大人的饭菜也能够很简单地制作成断奶餐。这样，宝宝就能与我们分享更多的东西了。借此机会，养成每天做一道汤菜的好习惯吧！

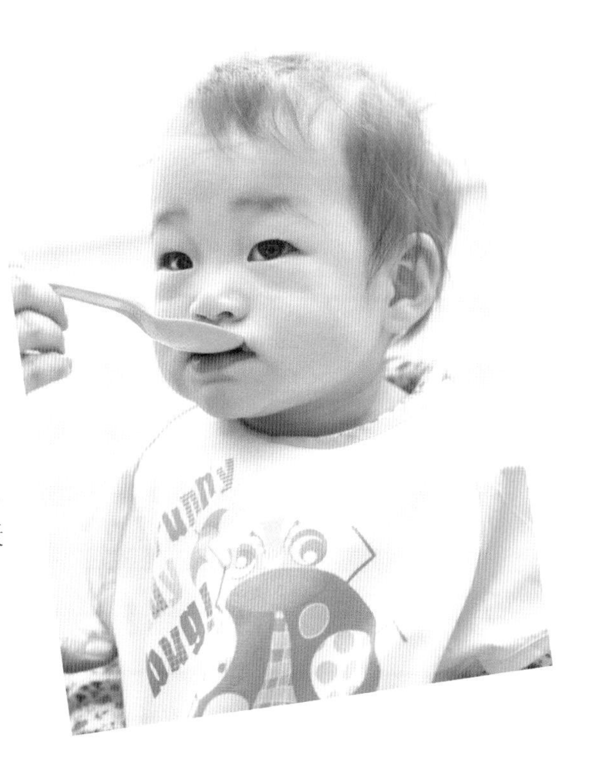

汤菜的推进方法

●食粥期：宝宝适应米粥后，每天试着喂一点调味之前的大人菜汤。可以先从海带汤开始。

●味觉发育期：分取少量的汤汁和蔬菜，捣烂后试着喂给宝宝。

●咀嚼期：宝宝适应汤汁和蔬菜后，可以试着喂一些鲣鱼海带汤、沙丁鱼干汤等肉类汤汁给宝宝。加入少许盐、味噌、酱油等调味，宝宝会非常喜欢。

●断奶结束期：适应汤汁后，可以试着喂清炖肉汤。

要点

- □ 每天做一次汤菜。
- □ 制作好吃的蔬菜的最好方法就是做一道汤菜。
- □ 断奶餐以汤菜为主，一切都会变得很轻松。
- □ 调味前取出菜汤，灵活用于断奶餐。
- □ 先从海带汁开始，习惯后可以加入鲣鱼汁等。

基本汤汁——海带汤和鲣鱼海带汤

菜是否好吃，关键掌握了基本要点，饭菜也就变得美味可口了

海带汤

●从食粥期的后半期开始

水 ………………………………… 1000ml

海带 ……………………………… 30g

❶将海带轻轻擦干净，放入水泡 6 个小时。

❷取出海带，使用时加热。

要点

□ 海带表面的白色粉末不需要擦掉。做好的汤汁可以在冰箱中保存 2~3 天，但最好尽早使用。也可以加入少许干香菇调味。

□ 挑选肉厚、气味正常、绿褐色、有光泽的海带。

□ 切成 5~10cm 的长条，放到罐子或瓶中保存，便于使用。

鲣鱼海带汤

●味觉发育期后半期食用

< 材料 >

水 ……………………………………………… 1000ml

海带 …………………………………………… 10g

鲣鱼干 ………………………………………… 20g

< 制作方法 >

❶将海带轻轻擦拭干净。

❷加入水、海带，中火加热，快要沸腾时取出海带。

❸沸腾后去除浮沫，加入鲣鱼干，5 秒后关火，鲣鱼干沉入锅底，根据个人喜好选择煮鲣鱼的时间（3~5 分钟）。

❹在漏勺中放入滤纸，过滤❸。

取出海带，放入鲣鱼干

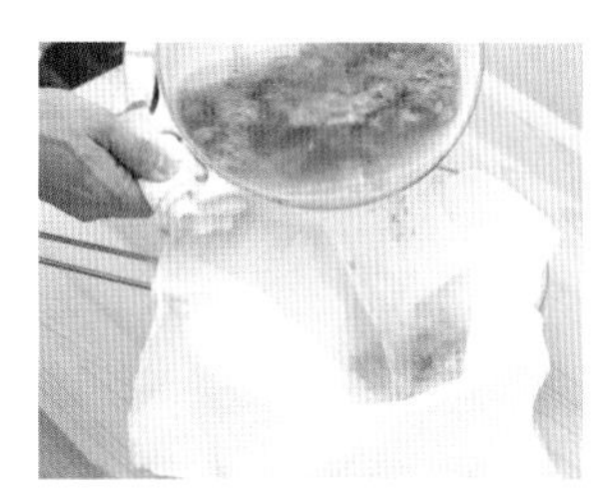

滤出鲣鱼干

要点

□ 沸腾后会出现杂味，请注意火候。

□ 使用颜色鲜艳、有光泽、形状完好的产品。开袋后尽快使用。

□ 密封包装，与空气隔离、放置于干燥阴凉处保存（冰箱）。使用粉末状鲣鱼精更加方便。

鱼干汤、香菇汤

鱼干汤

●咀嚼期开始食用

<材料>

水 ………………… 1000ml

鱼干 ……………… 20g

<制作方法>

❶去掉鱼头和内脏、沿鱼肚子分成2半。

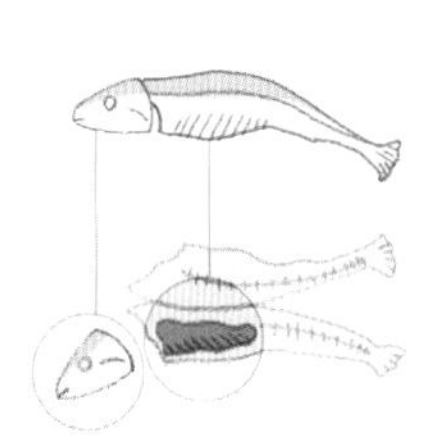

❷加入水和鱼干，浸泡30分钟以上（可以在前一天的晚上浸泡备用）。

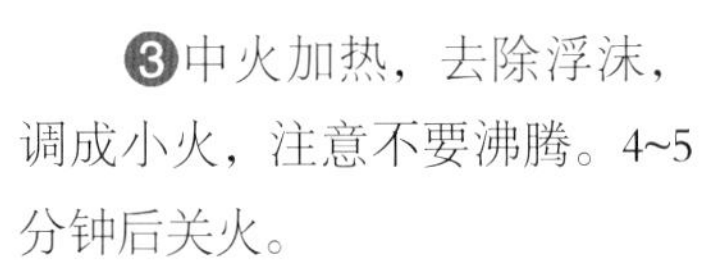

❸中火加热，去除浮沫，调成小火，注意不要沸腾。4~5分钟后关火。

❹取出鱼干。

要点

□ 鱼干用平底锅炒后香味更浓。沸腾后会有涩味，注意火候。用过的鱼干不要扔，可跟洋葱一起做成油炸鱼或放入沙拉中，或者炒一下，做一道鱼粉拌菜，都是不错的选择。使用粉末状的鱼干粉更方便。

□ 鱼能背部隆起、成“く”字形状的比较新鲜。反之，腹部隆起、弯曲的会有异味，建议不要使用。

□ 放入密闭容器中，冰箱冷藏保存。

□ 煮肉、鱼等食物，最好使用植物性的（海带、香菇等）清淡汤汁。

香菇汤

●食粥期后半期开始使用

<材料>

干香菇 ………… 6~8朵

水 ……………… 1000ml

<制作方法>

❶放入水中，泡制1~5小时。

要点

□ 使用少量的水长时间浸泡，就能得到较浓的汤汁。如果着急的话，可以放入一小撮砂糖，用温水泡发。使用微波炉泡发更快。也可将香菇切片，在很短的时间泡发。

□ 干燥、肉厚、褶皱呈黄白色、菌盖完整的比较好。

□ 避免潮湿，密封保存。

□ 煮蔬菜等食物，最好使用动物性（鲣鱼、杂鱼干、肉、贝类等）汤汁。

鸡肉汤、蔬菜汤

鸡肉汤

●咀嚼期开始使用

< 材料 >

水 …………… 1600ml

鸡腿肉 ……… 1~2 块

生姜 ………… 1 片

大葱 ………… 10cm

酒 1 大勺

< 制作方法 >

❶去掉鸡腿上多余的脂肪和肥肉。

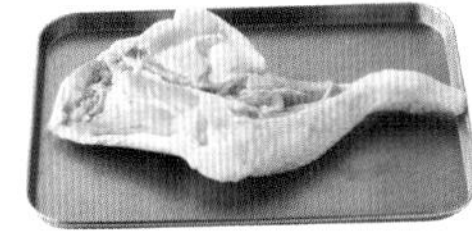

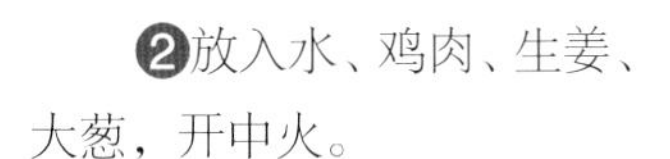

❷放入水、鸡肉、生姜、大葱，开中火。

❸沸腾后去掉浮沫，文火炖 1 小时，取出大葱、生姜。

❹冷却后，取出鸡肉。

要点

☐ 将鸡肉的脂肪清理干净，煮出汤的味道也比较清淡。将浮沫去除干净、冷却后再取出鸡肉，这样鸡肉就不会变得很硬。带骨鸡肉熬出的汤更加美味。可根据个人喜好加入蔬菜、干香菇等。

☐ 可以将鸡肉撕开，放到沙拉、汤面中。

☐ 放入蔬菜，就成了一道营养丰富的蔬菜汤。

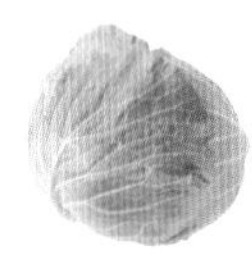

蔬菜汤

●味觉发育后半期开始食用

< 材料 >

水 ………………………………… 1600ml

卷心菜 …………………………… 3~4 片

洋葱 ……………………………… 1 个

胡萝卜 …………………………… 1 个

白萝卜 …………………………… 6~8cm 大小

海带 ……………………………… 5g

< 制作方法 >

❶蔬菜洗净。洋葱去皮后切成 2 半。胡萝卜、白萝卜去皮后竖切 2 半。

❷放入水、海带，开火煮快要沸腾时取出海带。加入蔬菜，去除浮沫，文火煮 50 分钟。

❸将蔬菜过滤。

放入蔬菜

过滤后的蔬菜汤

要点

☐ 竹笋、牛蒡、葱、蒜、生姜等蔬菜可根据个人喜好酌量放入。将煮后的蔬菜捣碎或用榨汁机制成蔬菜泥，可以用于制作法式浓汤和炖菜。

☐ 冰箱冷藏保存 2~3 天。冷冻保存 2~3 周。

☐ 工作较忙时也不要紧，可以使用各式各样的浓汤宝代替。市场上均可以买到。注意选择未使用添加化学调味品、无盐的浓汤宝。

长成期

酱汤

土豆卷心菜酱汤

约10分钟

味觉发育期后半期，可以放入些口味较淡的味噌

<材料> 大人❸～❹＋宝宝❶

土豆（切片）……………… 1个
卷心菜…………………… 2片
炸豆腐（切块）………… 1/2块
汤汁……………………… 800ml
味噌……………………… 50g

<制作方法>

1 放入汤汁和控水后的土豆，中火加热。沸腾后放入卷心菜、炸豆腐、煮至土豆变软。

味觉发育期 使用汤汁将土豆捣碎，或者用汤汁将卷心菜煮软。

咀嚼期 将卷心菜、炸豆腐、土豆捣碎至宝宝能够咀嚼的程度。

2 关火、放入味噌，中火加热。快要沸腾时关火。

断奶结束期 卷心菜、炸豆腐切成小块。用汤汁将味噌稀释。

长成期 可根据喜好加入五香粉。

再放入一些味噌后分取也可

要点

☐ 家长可以试着使用卷心菜菜心。

蛤蜊酱汤

●●● 约5分钟（不包含给蛤蜊去砂的时间）

＜材料＞ 大人❸～❹＋宝宝❶

蛤蜊（除砂后）…………… 250~300g
水…………………………… 600ml
海带（切块）……………… 5g
味噌………………………… 30g
小葱（切片）……………… 适量

＜制作方法＞

1 放入水、海带，加热，快要沸腾时将海带取出。

第一次喂宝宝贝类时，要少量，并注意观察宝宝的反应

2 放入蛤蜊、开大火，蛤蜊壳张开后，去浮沫，关火。

咀嚼期前半期　使用汤汁稀释。

3 放入味噌，中火加热，快要沸腾时关火。撒上小葱。

咀嚼期后半期＋断奶结束期　在放入少量味噌时分取，味道不要过浓。

大人　趁热食用。

要点

□ 给蛤蜊除砂时，水量以蛤蜊刚刚露出水面为宜，浸泡2~3小时（与海水相近的浓度为3%的盐水最好，盖上盖子，保持较暗的环境为佳）。

萝卜豆腐裙带菜酱汤

●●●● 约10分钟

＜材料＞ 大人❸～❹＋宝宝❶

白萝卜（切片）………… 4~5cm
萝卜叶（切片）………… 10cm
豆腐（切块）…………… 1/2块
干裙带菜（泡发）……… 2g
汤汁……………………… 800ml
味噌……………………… 50g

＜制作方法＞

1 放入汤汁和萝卜切块，大火水煮。

2 沸腾后转成中火，去除浮沫，萝卜煮透。

加入汤汁，将2中煮好的萝卜捣碎。

3 加入豆腐，煮1分钟后放入裙带菜，煮至沸腾。

咀嚼期　将裙带菜切成小块，萝卜和豆腐捣碎，加入汤汁稀释。

4 关火，加入味噌。放入萝卜叶，中火加热，快要沸腾时关火。

断奶结束期　捣碎成方便宝宝进食的小块，加入汤汁稀释。

放入味噌前分取煮汁，也可用于制作其他断奶餐，十分方便

长成期　可根据宝宝喜好加入适量的五香粉等。

要点

□ 放入味噌后不要煮沸是关键。萝卜经过水煮后，已经软透了。自己在家做的时候，可以放入各种蔬菜。

鱼肉豆腐清汤

约10分钟

< 材料 > 大人❸~❹+宝宝❶

	鱼肉（切块）	2块
	豆腐（切块）	1/2块
	嫩豆芽菜（去根）	适量
★	水	600ml
★	海带（切块）	5g
★	料酒	5g
★	儿童酱油	10g
	盐	1适量

< 制作方法 >

1 将鱼肉放在漏勺上，撒盐，放置一会儿后，热水漂烫。

2 放入水和海带，快要沸腾时取出海带。

味觉发育期 在汤汁中加入豆腐。

3 放入酒、豆腐，沸腾后放儿童酱油，盐调味，放入1中鱼肉，加热。

咀嚼期 食材捣烂，加入汤汁稀释。

断奶结束期 将食材捣碎成小块。

味道过浓的话，加入汤汁稀释

长成期 盛入碗中，撒些嫩豆芽菜。

要点

☐ 加吉鱼和鸡肉可以代替鱼肉。也可用烤麸来代替豆腐。鸭儿芹代替嫩豆芽菜，也是个不错的选择。

猪肉酱汤

●●●●　约20分钟

< 材料 > 大人❹~❺+宝宝❶

猪肉（切块）	250g
土豆（切片）	1个
白萝卜（切片）	5~6cm
胡萝卜（切条）	1/2根
大葱（切段）	1/2根
汤汁	900ml
味噌	50g
料酒	15ml

< 制作方法 >

1 放入汤汁、料酒、土豆、白萝卜、胡萝卜，开火水煮。

- 味觉发育期：将蔬菜用汤汁稀释、捣烂。

2 蔬菜变软以后，放入猪肉和葱块，猪肉熟透后关火。

- 咀嚼期前半期：使用微波炉将蔬菜和汤汁加热，捣碎。味道调淡。
- 咀嚼期后半期：将食材捣碎到宝宝能咀嚼的大小和硬度。

3 放入味噌，中火加热，快要沸腾时关火。

- 断奶结束期：切成方便宝宝进食的大小，加入汤汁稀释。
- 长成期：可根据宝宝喜好加入适量的五香粉等。

要点

□ 建议将猪肉酱汤作为主菜，根据实际情况替换蔬菜。如红薯、芋头、蘑菇、魔芋等。
□ 半圆形切法能够切断蔬菜纤维，处于断奶结束期的宝宝吃起来更容易。

松肉汤

●●●● 约20分钟

< 材料 > 大人❹~❺+宝宝❶

白萝卜（切片）…………… 5~6cm
胡萝卜（切片）…………… 1/2 根
牛蒡（切片，用醋水浸泡）… 1/2 根
口蘑（去根，切块）……… 100g
豆腐（去除水分）………… 300g
小葱（切末）……………… 适量
汤汁……………………… 900ml
儿童酱油…………………… 50ml
醪糟………………………… 15ml
盐………………………… 少许
香油………………………… 10ml

要点

☐ 放入土豆或芋头营养会更加丰富！尽量避免用油炒，少油的饭菜更加健康。

< 制作方法 >

1 放入汤汁、白萝卜、胡萝卜、牛蒡、口蘑，中火加热 10 分钟，去浮沫。

牛蒡纤维比较硬，尽量使用能够切断纤维的切法

2 蔬菜煮软后，将豆腐捣碎，放入锅中。加入酱油、醪糟、盐、水煮后加入香油。

味觉发育期 取出调味前的蔬菜，加入汤汁稀释，捣烂。

咀嚼期 味道要很清淡，蔬菜和豆腐切小块。

3 撒上葱花。

断奶结束期 食材切成适宜宝宝进食的大小，菜汤使用汤汁稀释。

长成期 趁热给宝宝吃。

凉汤

约10分钟

< 材料 > 大人❸~❹+宝宝❶

大麦味噌		3大勺
豆腐（去除水分）		350g
黄瓜（切片）		1~1.5根
青紫苏叶（切丝）		8~10片
金枪鱼（罐头）		80g
白芝麻泥		50g
热米饭		适量
A	沙丁鱼干粉	30g
	浓汤汁	400ml

< 制作方法 >

1 放入食材A，豆腐用手捣碎，放入锅中煮沸。
味觉发育期 豆腐捣烂，加入汤汁混合。

2 关火，放入味噌，溶解。

3 稍稍冷却后放入黄瓜、青紫苏叶、金枪鱼罐头。
咀嚼期 将食材捣碎，加入汤汁稀释。
断奶结束期 冷却前浇到米饭上，使用汤汁调味。

4 放入白芝麻泥，用冰箱冷藏。
长成期 浇到热米饭上给宝宝吃。

要点

□ 使用金枪鱼罐头代替平常使用的烤鱼，制作起来更方便。

纳豆汤

约5分钟

< 材料 > 大人❸~❹+宝宝❶

纳豆…………………………2袋
小葱…………………………适量
汤汁…………………………600ml
味噌…………………………50g

< 制作方法 >

1 加入汤汁煮沸，放入纳豆。

2 加入味噌，溶解，沸腾前关火。

咀嚼期后半期+断奶结束期：加入少量味噌时分取一部分，味道清淡一些为宜。

长成期：趁热喂宝宝吃。

要点

□ 如果不喜欢纳豆的气味，可以用水将纳豆洗一下再放入。

豆腐渣汤

约10分钟

< 材料 > 大人❸~❹+宝宝❶

豆腐渣…………………………80~100g
松菜（切段）………………2颗
炸豆腐（切块）……………1/3块
汤汁…………………………800ml
味噌…………………………50g

< 制作方法 >

1 放入汤汁，煮沸，再放入小松菜、炸豆腐、豆腐渣、中火煮3分钟。

味觉发育期：放入炸豆腐和豆腐渣前分取宝宝吃的那份，小松菜捣碎，汤汁稀释。

2 关火，放入味噌。中火加热，沸腾前关火。

咀嚼期+断奶结束期：捣碎成方便宝宝食用的小块、调成淡味。

长成期：趁热喂宝宝吃。

要点

□ 豆腐渣可以和蘑菇、薯类、根茎类等许多蔬菜搭配。家里有的蔬菜都可试着做一下。

粉丝汤

●●●　约15分钟

咀嚼期

< 材料 > 大人❷~❸+宝宝❶

干贝…………………………… 5~6 个
水……………………………… 100ml
绿豆粉丝（切段）………… 50g
香菇（切片）……………… 3 个
胡萝卜（切块）…………… 1/3 根
青菜（切段）……………… 1 根
醪糟…………………………… 15ml
* 鸡骨汤 …………………… 700ml
淀粉…………………………… 适量
盐、胡椒…………………… 少许
香油…………………………… 适量
白芝麻………………………… 适量

* 也可使用颗粒状的浓汤宝

< 制作方法 >

1 将干贝、水、醪糟放到耐热容器中，保鲜膜盖好。微波炉加热 2~3 分钟，泡发。

2 放入鸡骨汤和 1 中泡发的干贝及汤汁。中火加热至沸腾。

3 加入其他蔬菜和粉丝，煮 5 分钟后，加入青菜叶，煮沸，放入淀粉。放入盐、胡椒调味。最后滴入香油。

咀嚼期　用汤汁将 3 中蔬菜和粉丝煮软，然后切成小块。

断奶结束期　切成适合宝宝进食的小块。

长成期　按宝宝喜好加入醋、白芝麻。

要点

☐ 可用扇贝罐头代替干贝。在汤汁中加入干香菇（切片），味道更好。

长成期

意大利蔬菜浓汤

约25分钟

< 材料 > 大人❹~❺+宝宝❶

通心粉…………………… 40g
胡萝卜（切块） ………… 1/2 根
洋葱（切块） …………… 1/2 个
洋芹菜（切段） ………… 1/2 根
西葫芦（切块） ………… 1/2 根
火腿肠（切块）………… 4 根
番茄罐头………………… 400g
水………………………… 400ml
浓汤宝（颗粒）………… 1 个
盐、胡椒………………… 少许
橄榄油…………………… 适量

< 制作方法 >

1 将通心粉稍稍煮软，取出备用。

2 放入水、浓汤宝煮沸，放入番茄酱、蔬菜、火腿，中火加热10分钟。

分取2中的汤汁，用于稀释宝宝断奶餐非常方便

3 向2中加入1，中火煮5分钟。

味觉发育期 可将番茄汤和捣烂的蔬菜泥放到宝宝的粥中。

4 加入盐调味。

咀嚼期 将蔬菜和通心粉放入2的菜汤中，捣烂。

断奶结束期 将食材切成适合宝宝进食的小块。使用2中的菜汤调味。

长成期 放入胡椒调味，最后滴入香油。

要点

☐ 如果宝宝不喜欢火腿肠味道的菜汤，可以在分取宝宝的断奶餐后，再放入火腿肠。放入培根或炒出香味的大蒜，味道更好。

蛤仔周打汤

●●●　约25分钟

< 材料 > 大人❷ + 宝宝❶

砂蛤（除砂后）…………… 200~250g
（或蛤肉 40g）
水……………………………… 50ml
土豆（切块）……………… 1 个
胡萝卜（切块）…………… 1 根
洋葱（切末）……………… 1/2 个
黄油…………………………… 10g
小麦粉………………………… 15g
牛奶 *1 ……………………… 600ml
盐、胡椒…………………… 少许
香芹 *2 ……………………… 适量

*1 加入生奶油，味道更浓（按照加入生奶油的量添加牛奶）

*2 将香芹先放在冰箱里冷冻备用，用的时候按照需要选取，比较方便

< 制作方法 >

1 放入砂蛤和水，加热，蛤蜊壳张开后，取出蛤蜊肉（煮汁不要倒掉）。

咀嚼期

2 锅中放入黄油，土豆、胡萝卜、洋葱，翻炒。

3 洋葱炒至变色后，加入小麦粉，炒至与小麦粉补充混合，无粉末状。

4 向3中加入蛤蜊肉、煮汁、牛奶，中火煮15分钟。

咀嚼期 将食材切成小块，加入菜汤调味。

5 加入盐、胡椒调味。

断奶结束期 加入胡椒之前分取，使用菜汤将味道调淡。

长成期 撒上香芹。

要点

□ 砂蛤和蛤肉都可使用，但使用带壳的砂蛤，味道更鲜美。大人吃可以在最后滴入橄榄油，味道更佳。也可放入意大利面，做一道汤汁意大利面。

长成期

法式浓汤

日式南瓜浓汤

约20分钟

< 材料 > 大人❷ + 宝宝❶

南瓜*（去瓤，切片）……150g
洋葱（切片）……1/4 个
汤汁……400ml
豆浆（原味）……200ml
盐、胡椒……少许

* 也可使用胡萝卜或大头菜

< 制作方法 >

1 放入汤汁和南瓜，中火加热至沸腾，放入洋葱。

2 小火煮 10 分钟，煮至蔬菜变软。

3 将 2 冷却，放入榨汁机捣碎。加入豆浆、混合均匀。

（没有榨汁机的情况下，可以捣烂后过滤）

4 将混合好的汤放入锅中煮沸。加入盐调味。

- 味觉发育期：调味前分取。
- 咀嚼期 + 断奶结束期：分取，味道调淡。
- 长成期：加入胡椒调味。

（宝宝还不能吃豆制品的时候，在放入豆浆之前分取）

土豆浓汤

约20分钟

< 材料 > 大人❷ + 宝宝❶

土豆*（切片，放入水中备用）……150g
洋葱（切片）……1/4 个
水……400ml
浓汤宝……1 个
牛奶……300ml
盐、胡椒……少许

* 也可使用红薯或芋头

< 制作方法 >

1 放入浓汤宝、水、土豆，中火加热至沸腾。放入洋葱，小火加热 10 分钟至蔬菜变软。

2 将 1 中食材冷却，放入榨汁机中捣烂，放入牛奶。

- 味觉发育期 + 咀嚼期：放入牛奶之前分取，用水将汤宝的味道调淡。

3 将 2 放入锅中煮沸，加入盐调味。

- 断奶结束期：放入少量盐后分取，保持味道清淡。
- 长成期：使用胡椒调味。

日式菠菜浓汤

约20分钟

< 材料 > 大人❷ + 宝宝❶

菠菜*……1 棵
汤汁……300ml
豆浆（原味）……200ml
儿童酱油……15ml
醪糟……15ml
盐……少许

* 使用小松菜也可以。加入土豆、洋葱后，可增加黏度和甜味

< 制作方法 >

1 控干菠菜水分，切成大段，放入榨汁机中搅烂，加入汤汁、豆浆。

2 将 1 放入锅中，加入儿童酱油、醪糟，煮沸。加入食盐调味。

- 味觉发育期：调味之前分取。
- 咀嚼期 + 断奶结束期：分取后调淡。
- 长成期：趁热给宝宝喂食。

要点

□ 在浓汤中打入一个生鸡蛋，用保鲜膜盖好，微波炉加热 1 分钟，一道传统的蒸鸡蛋就做好了。

汤菜的分取方法

只做汤菜就太可惜了，将汤汁取出一部分，就能用于制作其他的美味了

汤菜：做菜时多放些汤汁。

分取

放入米饭，就是一道杂烩粥。

杂烩粥

<材料> 大人❷+宝宝❶

菜汤………………适量
米饭………………200g
鸡蛋………………1个
盐…………………少许
小葱（切末）……少许

<制作方法>

❶向锅里剩余的菜汤中放入清水洗过的大米，开中火。

❷时不时搅拌一下。

咀嚼期：捣碎，加入汤汁。

❸水分熬干后，加入打好的鸡蛋，轻轻搅拌。盖盖儿，停火。放置2分钟。

断奶结束期：加入少量盐。

长成期：加入盐调味，撒上葱花。

分取

放到冰箱里冷藏保存，用于第二天的菜谱制作。

其他菜谱

乌冬面：用作乌冬面的汤汁。

咖喱：加入咖喱粉和汤汁等佐料，就做成了一道美味的咖喱乌冬面。

年糕汤：加入面汤佐料、年糕，一道年糕汤就做好了。

菜粥：在汤汁中加入米饭，第二天给宝宝煮菜粥用。

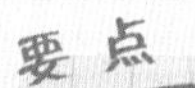

☐ 煮过火锅的汤汁，里面融合了蔬菜、肉、鱼的味道，加一些米饭，就能做成一道杂烩粥。如果放到冰箱冷藏保存，可以在第二天做饭时使用。如果是还没有调味的蔬菜、肉、鱼的汤汁，基本上可以用来做所有的食物。

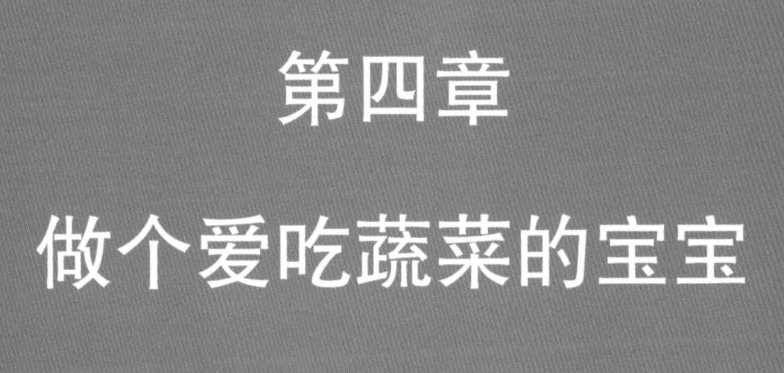

第四章

做个爱吃蔬菜的宝宝

蔬 菜

蔬菜富含维生素和矿物质。
多吃蔬菜，宝宝精力更充沛。

宝宝适应米粥后，试着给他吃些蔬菜吧

喂宝宝蔬菜，要从红薯、土豆、南瓜这些口味较甜、柔软、容易消化的蔬菜开始。

从宝宝发育的各个时期来看，最想给您推荐的，还是将蔬菜用于汤菜中。汤汁的鲜味和蔬菜的甜味混合在一起，味道非常不错。将蔬菜和汤汁放到碗中捣烂，就能很快地做出软硬适度的蔬菜。

咀嚼期之前，要给宝宝喂加热后的蔬菜。进入断奶断奶结束期，能够咬断食物后，再喂一些生鲜蔬菜。

1 岁之前一般要喂清淡的食物。虽然汤汁和蔬菜味道很好，但从味觉发育后半期开始，要给宝宝食物中逐渐加入少量的盐，味噌、酱油等调味品。盐分会加快蔬菜味道的散发，给平时讨厌吃蔬菜的宝宝喂食蔬菜也变得简单起来。

叶类蔬菜一般纤维比较多，做饭时尽量将纤维切断，这样宝宝吃起来更方便，也更容易消化。

给宝宝喂食蔬菜的方法

●食粥期：主要喂食未调味的汤菜（酱汤等）煮汁。

●味觉发育期：开始时，喂一些甜味、柔软的蔬菜。最好是快要煮烂的那种，或者放入海带汁等，将蔬菜捣烂成接近液体的糊状。然后逐渐调整到宝宝舌头和上颚能够捣碎的硬度。

●咀嚼期：宝宝能够咀嚼后，就可以喂小块的柔软蔬菜了。注意味道要保持清淡。

●断奶结束期：臼齿还未长出之前，漂烫后大头菜的硬度为最好。牙齿长出后，只要不是太大块儿的蔬菜，几乎都能食用。还要留意一下味道不要过浓。

要点

□ 蔬菜从喂 1 勺开始。

□ 从柔软、甜味的蔬菜开始。

□ 建议将蔬菜做成汤菜。

□ 可以稍微加入一点盐。

□ 使用能够破坏蔬菜纤维的切法。

□ 给宝宝喂些时令蔬菜。

蒸蔬菜

●●●●　约20分钟

< 材料 > 大人❷ + 宝宝❶

时令蔬菜*1 ……………… 适量
南瓜（切片）…………… 1/8 个
大头菜（切块）………… 1 个
莲藕（切片）…………… 60g
小松菜（切段）………… 3 棵
芦笋（去根，切段）…… 2 根
小西红柿（去蒂）……… 4 个
盐*2 ……………………… 少许
特级橄榄油*2 …………… 适量

*1 使用时令蔬菜，味道更浓，营养更高
*2 使用特级的盐、橄榄油，味道会更可口。也可按个人喜好加入蛋黄酱

< 制作方法 >

1 使用砂锅，放入水，煮开，准备蒸碗。

2 在蒸碗中放入南瓜、大头菜、莲藕，盖盖儿。放入到1中。蒸5~6分钟。放入小松菜、芦笋、小西红柿，蒸3~4分钟。

给宝宝吃芦笋时，去掉芦笋根部的外皮

味觉发育期 选取一种宝宝能够吃的蔬菜（例如，南瓜），加入加热过的汤汁，捣烂。

咀嚼期 取出宝宝能够吃的蔬菜（例如，南瓜和大头菜），加入汤汁，捣烂成小块。

断奶结束期 将宝宝能吃的蔬菜切成容易入口的小块。

长成期 加入盐和橄榄油调味。

要点

□ 蔬菜种类的不同，加热时间会有所差异。可以通过用筷子戳来确认、调整希望达到的软硬程度。如果没有蒸菜厨具的话，可以在厚锅中加入喜欢的蔬菜、水、食盐，盖盖儿加热即可。也可以蒸肉，和面包一起食用。

浓味炖菜

约50分钟

<材料> 便于制作的量

土豆（切块）…………… 2个
胡萝卜（切块）………… 1根
洋葱（切块） ………… 1个
卷心菜（切块）………… 1/4个
火腿肠…………………… 5~6根
月桂……………………… 1片
水………………………… 1000ml
浓汤宝…………………… 1+1/2个
盐………………………… 少许
胡椒……………………… 少许

<制作方法>

1 在锅中放入水、浓汤宝、土豆、胡萝卜、洋葱，开火煮。

味觉发育期 取出1~2种蔬菜加入菜汤，捣烂。

2 沸腾后加入卷心菜、月桂，盖儿不要盖得太紧，小火加热，并不断取出浮沫，煮40~50分钟。火腿肠中途放入。

3 加入盐调味。出锅。

咀嚼期前半期 取出蔬菜（胡萝卜、土豆）和菜汤，用热水调淡味道并捣碎。

切成适宜宝宝入口的大小。调淡味道。

长成期 加入胡椒。按喜好加入芥末。

要点

□ 煮土豆时不要将土豆露出水面，食材不碰到锅盖是这道菜的诀窍。多做一些炖菜的话，食材的味道能更好地挥发出来。也可放入一些家中现有的蔬菜、培根、鸡肉等。也可最后撒些冷冻香芹，点缀一下。

使用剩余炖菜制作的简单菜肴：

加入番茄（番茄罐头），做成番茄汤　　加入牛奶或白沙司，制成奶油浓汤

长成期

日式蘑菇酱汤与烤豆腐

加入各种食材，一道简单的主菜就做好了

日式蘑菇酱汤

●●●　约5分钟

< 材料 > 便于制作的量

干香菇（切片）[*1] ………… 8g

水……………………………… 200ml

大葱（斜切）……………… 1/2 根

金针菇[*2]（去根，掰散）… 100g

香油………………………… 5ml

A

- 汤汁………………… 50ml
- 儿童酱油…………… 10ml
- 醪糟………………… 15ml
- 砂糖………………… 30g

淀粉………………………… 适量

*1 中等大小的干香菇 3 个即可（用水泡发后轻轻挤出水分，切片）

*2 根据个人喜好，口蘑，其他蘑菇等均可

< 制作方法 >

1 将干香菇放入小瓶中，用水泡发（泡香菇的水留作备用）。

2 将材料 A 用水搅拌调制成淀粉备用。

3 平底锅烧热，放入香油，油热后放入大葱翻炒。大葱变软后，放入金针菇继续翻炒，放入材料 A 和香菇，及泡香菇的水，煮至金针菇变软。

4 关火，放入 2 中调制的淀粉，搅拌黏稠。再次加热，快要沸腾时关火。

要点

□ 使用干香菇切片，可节省泡发时间，用起来也更方便。酱汁冷藏保存时间为 2 天左右。

烤豆腐

●●●　约15分钟

咀嚼期

< 材料 > 大人❷＋宝宝❶

豆腐（切成两半）…………… 1 块

盐…………………………………… 少许

小麦粉…………………………… 适量

海青菜…………………………… 适量

色拉油…………………………… 15ml

< 制作方法 >

1 豆腐放在盘子中。微波炉加热 1~2 分钟，冷却。

2 将盐均匀撒在 1 的豆腐上，撒面粉，将豆腐表面多余的面粉去掉。

3 底锅烧热，倒入色拉油，将 2 中的豆腐双面烤制。出锅，表面撒些蘑菇酱、海青菜等。

咀嚼期　用热汤汁稀释蘑菇酱，捣成小块。豆腐也切成小块。

断奶结束期　用汤汁将蘑菇酱稀释，切成适宜宝宝进食的小块。豆腐也切成适合宝宝吃的小块。

长成期　可多撒些蘑菇酱。

使用剩余的蘑菇酱制作的简单菜肴：

用作烤鱼的酱汁（鳕鱼、马哈鱼）

可放到用汤汁煮软的萝卜或大头菜上

肉松南瓜茄子泥

约20分钟

<材料> 大人❸~❹+宝宝❶

（肉酱）猪肉馅………… 120g
色拉油……………………… 5ml

A
- 味噌………………… 30g
- 醪糟………………… 30ml
- 砂糖………………… 15g
- 姜汁………………… 10ml
- 汤汁………………… 200ml

淀粉：2 小勺，水：2 大勺
南瓜（切块）…………… 1/8 个
茄子（去蒂，切块，
浸泡到水中）…………… 2 根
小葱……………………… 适量

<制作方法>

1 锅中加水，煮开。

2 将材料 A 混合均匀。

3 将南瓜、控水后的茄子放到蒸碗中、盖盖儿，然后放到1中，中火蒸 10 分钟。

味觉发育期 南瓜去皮、用加热后的汤汁稀释，捣烂。

4 平底锅放油，烧热。放入猪肉馅翻炒。用吸油纸去除多余的油脂。加入材料 A 煮沸。

咀嚼期 南瓜与茄子去皮，切成小块。加入汤汁水煮。

5 关火，放入淀粉，搅拌黏稠，再次加热，快要沸腾时关火。

6 将3中的蔬菜盛起，将5浇在3上。

断奶结束期 将3切成适合宝宝进食的小块，将5用汤汁稀释后浇在上面。

长成期 撒上葱花。

要点

□ 鸡肉泥可以更早地喂给宝宝吃。剩余的肉松酱，可以浇在豆腐上，也可用生菜卷着吃。

使用多余的蒸蔬菜制作的简单食谱：

蒸茄子与叉烧、葱白、香油、酱油拌在一起

蒸南瓜与蛋黄酱搭配做成南瓜沙拉

长成期
断奶结束期

蔬菜沙拉和盖饭

肉松南瓜茄子泥

约10分钟

< 材料 >

豆腐…………………………… 300g

A
- 白芝麻泥…………………… 30g
- 砂糖………………………… 10g
- 味噌………………………… 30g
- 汤汁………………………… 15ml

< 制作方法 >

1 豆腐放到耐热容器中。微波炉加热1~2分钟，冷却，去除水分。将材料A充分混合备用。

2 将1中的豆腐弄碎放入碗中，加入A，将豆腐捣烂，搅拌均匀。

要点

□ 沙拉酱也可与茼蒿、蘑菇等蔬菜或煮过的鸡胸肉搭配。可在冰箱冷藏保存2~3天。

□ 放入醋、香油等，就变成另外一种沙拉酱了。

西蓝花沙拉

约10分钟

< 材料 > 大人❷+宝宝❶

西蓝花（掰朵）……………… 1/2棵

胡萝卜（切条）……………… 1/4根

盐………………………………… 适量

< 制作方法 >

1 放水加热，煮沸后放盐，放入西蓝花、胡萝卜，煮至颜色鲜艳。

- **味觉发育期** 在煮好的西蓝花和胡萝卜中加入汤汁，加热煮软后捣烂。
- **咀嚼期** 在煮好的西蓝花和胡萝卜中加入汤汁，加热煮软后弄成小块，放入少量调好的沙拉酱。也可放在粥中喂给宝宝吃。
- **断奶结束期** 将煮过较长时间的西蓝花和胡萝卜捣碎，放入调好的沙拉酱。
- **长成期** 冷却后，放入沙拉酱混合搅拌。

秋葵黏纳豆盖饭

约10分钟

< 材料 > 大人❷+宝宝❶

秋葵（用盐揉过之后，水煮，切片）………………………… 6根
山药（磨碎）………………… 50g
纳豆泥……………………… 1袋
金枪鱼肉…………………… 120g
热米饭……………………… 400~500g
鸡蛋黄……………………… 适量
酱油、肉汤………………… 适量
芥末………………………… 少许

< 制作方法 >

1 用大碗盛入米饭，放入秋葵、山药、纳豆、金枪鱼肉，放入蛋黄。

味觉发育期 将秋葵切碎，用汤汁稀释，放入宝宝的粥中。

咀嚼期 将秋葵切碎，用汤汁稀释，加入纳豆泥混合，放入宝宝的粥中。

断奶结束期 将秋葵放在米饭上，放入纳豆泥混合。

长成期 放入酱油、白汤、芥末菜等调味。

要点

□ 山药和纳豆比较好吃，不要忘记放。金枪鱼按个人喜好加入。如果提前将各种食材用肉汤浸泡，会入味更深，味道更好。剩余的金枪鱼可以做成咸菜或加入香油、海苔等，做成风味小菜。
□ 将山药捣碎比较麻烦，可以先去皮，然后放入塑料袋中，然后使用擀面杖捣碎。
□ 加入少量白汤，味道更好，并可保持食材不变色。

咀嚼期
断奶结束期

长成期

黄油胡萝卜猪肉饭

●●●● 约35分钟（不包含淘米和泡米的时间）

＜材料＞ 大人❷～❸＋宝宝❶

	材料	用量
胡萝卜饭	米	500g
	水	320ml
	胡萝卜（去皮，捣碎）	100g
	黄油	15g
	洋葱（切片）	1/2个
	猪肉（切碎放少量盐，胡椒）	200g
	灰树花（去根，掰块）	100g
A	水	400ml
	浓汤宝	1个
	醪糟	15ml
	法式沙司罐头	290g
	番茄沙司或番茄酱	30g
	盐、胡椒	少许
	香芹	适量
	生奶油	少许

＜制作方法＞

1 将米淘洗干净，控水。胡萝卜去皮，捣碎。

2 放入1中的米、胡萝卜、水，浸泡30分钟。然后混合均匀，蒸饭。

3 平底锅加热，放入黄油，油热后放入洋葱，炒至颜色透明放入猪肉，灰树花，肉变色后，加入A，小火炖20~25分钟。最后放入盐、胡椒调味。

4 在放入蒸好的胡萝卜饭中加入黄油，混合。盛放到碗中，将3浇到米饭上。

味觉发育期 分取还未放入黄油的胡萝卜饭，加入汤汁，煮软（胡萝卜粥风味）

咀嚼期后半期 3中还未加入胡椒时取出，将食材切成小块，用汤汁稀释。4中的胡萝卜饭用汤汁稀释、捣烂。

断奶结束期 将3中的食材切成适宜宝宝入口的小块，用汤汁稀释。4的胡萝卜饭用汤汁稀释，软化。

长成期 按喜好加入香芹和生奶油。

要点

□ 可用市场上卖的黄油面酱代替法式沙司。断奶后期再加入生奶油。剩余的胡萝卜泥可以做汤或沙司酱。

土豆团子汤

●●●●　约25分钟

< 材料 > 大人❷＋宝宝❶

材料	用量
意式团子	200g
土豆（切块）	2个
汤汁（海带汁）	200ml
豆浆	100ml
生奶油	200ml
奶酪粉	30g
盐	少许
胡椒碎	少许
橄榄油	适量

< 制作方法 >

1 放入汤汁、土豆，煮软。
味觉发育期 用汤汁稀释土豆，捣烂。

2 在另一口锅中放水，烧开，放入团子。

3 盛出1中的土豆和煮汁，用叉子将土豆捣碎，放入豆浆，小火煮5分钟。

4 将2中煮好的团子、生奶油、奶酪粉放入3中，加入盐调味搅拌，煮沸。
咀嚼期前半期 将2放入3中后，分取，团子捣碎。

5 出锅，盛起。
咀嚼期后半期＋断奶结束期 4中放入生奶油、奶酪、食盐调味后，食材切成方便宝宝进食的小块，用汤汁稀释奶酪。
长成期 撒入胡椒、橄榄油等。

要点

□ 用红薯代替土豆也非常好吃。除团子外，菜汤中还可放入小段意大利面或意大利宽面。

□ 将洋葱切碎，翻炒，加入未放团子的4，然后放入牛奶或豆浆，这样一道风味汤就做好了。稍微冷藏一下味道也非常不错。

亲子盖饭

约10分钟

< 材料 > 大人❷＋宝宝❶

材料	用量
鸡肉泥	160g
洋葱（切片）	1/4个
菠菜（切段）	2根
A 浓汤宝	50~170ml
A 醪糟	15ml
A 砂糖	5g
鸡蛋	2个
米饭	400~500g
海苔（切块）	适量

< 制作方法 >

1 平底锅中放入材料A、鸡肉泥、洋葱，中火煮至肉色变白（去掉浮沫）。

2 放入菠菜，待菠菜变软后，撒入搅拌好的鸡蛋，盖盖儿，小火煮3分钟。

咀嚼期 放入鸡蛋前，分取，加入汤汁再煮，将肉和菠菜捣碎。关火，放入淀粉搅拌黏稠，浇到米粥上。

断奶结束期 用汤汁将2稀释。肉和菠菜切成小块，浇到软米饭上。

3 米饭盛到大碗中，将2浇到米饭上。撒上海苔。

长成期 根据宝宝喜好撒入五香粉调味。

要点

□ 煮鸡肉和洋葱时，注意不要过度搅拌。菠菜用水焯一下可用于拌青菜、蔬菜汤或煎肉。

大人

微波番茄饭

约10分钟

< 材料 > 大人❷ + 宝宝❶

金枪鱼罐头	160g
玉米罐头	80g
芦笋（切片）	4 根
洋葱（切块）	1/4 个
A 番茄酱	50g
A 浓汤宝	15g
米饭	400g
黄油	20g
盐、胡椒	少许

< 制作方法 >

1 控出金枪鱼罐头、玉米罐头里的水。

2 将蔬菜与1混合，放入材料A，搅拌均匀，盖保鲜膜微波炉加热3~4分钟。

咀嚼期　微波加热后，挑出玉米粒，芦笋切碎。加入汤汁与米饭混合，捣烂。（玉米不容易被宝宝消化）

断奶结束期　微波加热后，将芦笋、玉米罐头切成小碎块。加入汤汁，与米饭混合，轻轻捣碎。

3 将2放入到米饭中，加入黄油混合均匀。

长成期　加入盐、胡椒调味。

要点

□ 没有洋葱可以用芹菜代替。给宝宝分取食物时，微波加热前少放些番茄酱，大人吃的时候，根据个人喜好可再多放一些。

超简单的炒蔬菜

●●● 约5分钟

<材料> 大人❷

蔬菜（切块）………………………… 400g
培根（切段）………………………… 4~5片
A | 鸡精（粉末）………… 10g
A | 料酒……………………… 10ml
盐、胡椒……………………………… 少许
色拉油………………………………… 5ml

<制作方法>

1 平底锅中放入色拉油，烧热，放入培根翻炒。

2 培根炒熟后，放入蔬菜快速翻炒，再放入混合好的材料A，炒匀。最后放入盐和胡椒调味。

把炒蔬菜切成小碎块。加入汤汁稀释味道。放入小锅煮或用微波炉加热，软化。

要点

□ 没有培根，可用香肠、火腿、金枪鱼罐头等代替。加入蘑菇，会显得更丰富。

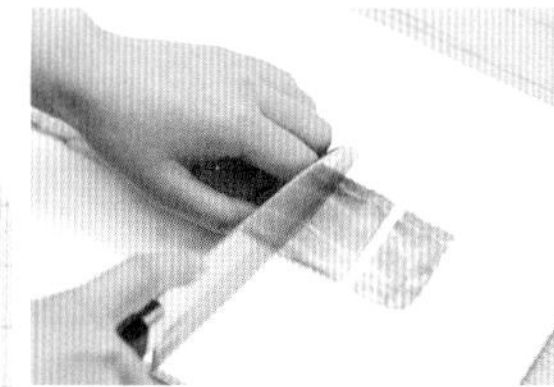
培根切3cm左右宽

放入蔬菜切块

加入调味料

羊栖菜豆腐沙拉

●●●　约 5 分钟

< 材料 > 大人❷

羊栖菜…………………………… 60g
豆腐…………………………… 1/2 块
生菜…………………………… 4 片
沙司酱…………………………… 适量

< 制作方法 >

1 放入切好的生菜，豆腐、羊栖菜，按个人喜好放沙司酱。

豆腐中放少量酱油，用勺子捣碎。羊栖菜放到小碗中，加汤汁后捣烂。做好后浇到米粥或软米饭上。

要点

□ 豆腐也可使用木棉豆腐。

在撕好的生菜上面摆放豆腐

撒上羊栖菜

倒入沙司酱

羊栖菜的传统菜谱

●与米饭混合——羊栖菜拌饭

宝宝讨厌吃蔬菜，我该怎么办呢？

A 在蔬菜中加入些汤汁或加入一点点其他的味道。

饭中只有蔬菜的味道，宝宝也许不会感觉很好吃。在煮蔬菜的时候，放入一点盐，或者汤汁、菜汤等，会增加蔬菜的香味，大人和宝宝都会很喜欢。

但并不是味道浓就一定不行，一些不太好吃的蔬菜，加入蛋黄酱或番茄酱后，宝宝或许也能喜欢。只是要防止宝宝过分依赖调味品就可以。

怎样掌握好断奶餐的硬度？

A 根据宝宝吃饭的表现和便便的状况进行调整。

断奶餐的硬度，需要根据宝宝吃饭的表现和便便的状况来进行调整。一般来说，多加热一会，会软一些。萝卜、大头菜等纤维较多，采用能够斩断纤维的切法，宝宝吃起来会更容易。

给宝宝喂的东西没有消化，随着便便又排了出来。

A 食物没有完全消化时要改变一下喂食的方法。

牙齿还没有长全，咀嚼和消化能力仍未发育完全的宝宝，偶尔会出现吃进去的菠菜、蘑菇等直接排出体外的情况。这说明食材或制作的方法对于宝宝来说还过早。

可以试着将食材切得更碎，或加工得更软一些。有些宝宝有不咀嚼、直接吞咽的习惯。妈妈要给宝宝示范细嚼慢咽，纠正宝宝吃饭直接吞咽的习惯。

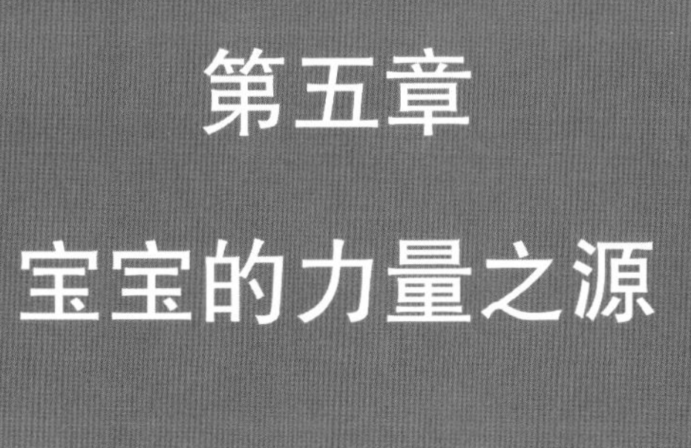

第五章

宝宝的力量之源

碳水化合物

宝宝适应米饭后，
面包，
乌冬面，
意大利面就都可以给他吃了。

碳水化合物是宝宝能量的主要来源

碳水化合物是宝宝能量的主要来源。

断奶餐一般从吃一些易消化的碳水化合物开始。宝宝消化功能还未发育完全，而水化合物易被消化，并且米粥与乳汁淡淡的甜味也非常接近，比较容易被宝宝接受。碳水化合物是身体和大脑发育的基本能量，对于大人和宝宝都是不可或缺的营养物质。富含碳水化合物的食物包括：米饭、面包、面条等。

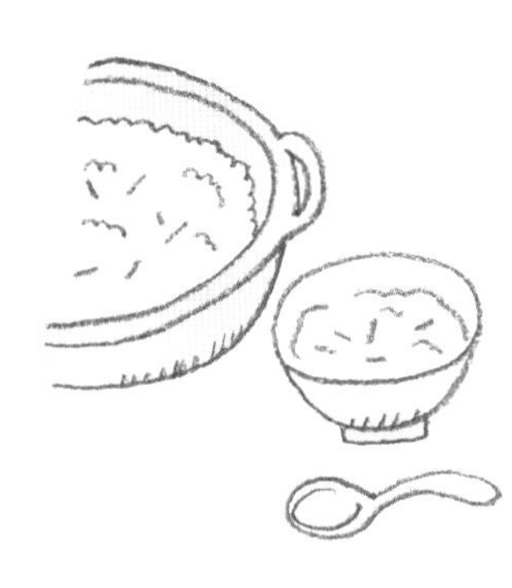

碳水化合物的喂食方法

●食粥期：断奶餐从米汤开始。宝宝适应米粥的味道后，6~7 个月大时开始喂米粥。

●味觉发育期：继续喂米粥，完全适应后，放些菜汤或汤汁做成杂烩粥。放入菜汤后盛入小碗中，捣烂成糊状喂给宝宝。

●咀嚼期：可以试着用汤将面包、意大利面、乌冬面等煮软，或捣烂喂给宝宝。这时可加少许调味品。

●断奶结束期：1 岁以后，就能试着喂软米饭了。1 岁 2~3 个月后，可以直接喂白米饭。也可以让宝宝拿着小饭团自己吃。

需要特别注意的碳水化合物食物

●荞麦：不易被消化，不适合给宝宝做断奶餐。特别是对有过敏史的宝宝，不要给他们吃荞麦。

要 点

□ 断奶餐从米粥清汤开始。

□ 按照米粥清汤──➝米粥──➝杂烩粥──➝软米饭──➝米饭的顺序喂食。

□ 面包、意大利面、乌冬面从 8~9 个月时开始喂食。

□ 对于食物过敏的宝宝，注意不要喂荞麦。

乌冬面

约10分钟

<材料> 大人❷+宝宝❶

乌冬面…………………………200g
菠菜…………………………4棵
干裙带菜（用水泡发）……5g
嫩豆芽菜（去根）…………20g
鱼豆腐（切片）……………2块
A 汤汁…………………………600ml
A 儿童酱油……………………30ml
A 醪糟…………………………30ml

<制作方法>

1 菠菜用热水焯一下，切3cm宽段，轻轻挤出水分。

味觉发育期 在热汤汁中放入菠菜，捣烂。

2 将A放入锅中，煮沸。

3 用另一个锅烧热水，沸腾后放入乌冬面，煮1分钟。盛起备用。将❷浇到乌冬面上，最后撒上裙带菜、嫩豆芽菜鱼豆腐。

咀嚼期 将乌冬面和蔬菜捣碎。面汤中放入汤汁。

断奶结束期 将乌冬面切成方便进食的大小，面汤中放入汤汁。

长成期 根据喜好放入嫩芽菜和五香粉。

乌冬面汤应用篇

味道浓郁的面汤

- 亲子盖饭、猪排盖饭、肉片豆腐盖饭
- 炖菜的底料
- 小松菜、春菊慢炖烤鱼

清淡的面汤

- 杂烩煮(白萝卜、炸胡萝卜、鱼肉饼、牛筋)
- 中华风味（香油、葱花）也可将冷冻饺子皮捣碎放入

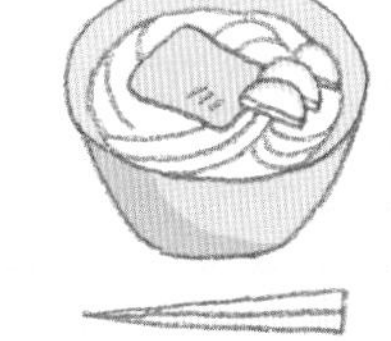

要点

☐ 将做好的乌冬面味道调淡，分给宝宝一起吃。

长成期

沙丁鱼蔬菜调味饭

●●●● 约15分钟

<材料> 大人❷＋宝宝❶

- 沙丁鱼干………………… 30g
- 卷心菜（切块）……… 3片
- 洋葱（切块） ……… 1/4个
- 汤汁……………………… 300ml
- 米饭……………………… 200g
- 奶酪……………………… 30g
- 橄榄油…………………… 15ml
- 盐………………………… 少许
- 胡椒……………………… 少许

<制作方法>

1 用热水泡发沙丁鱼干。米饭放入漏勺中，用水冲洗后备用。

（也可加入米饭一起煮，做一道可口的杂烩粥）

2 使用较深的平底锅。放入橄榄油，加热，放入泡发的沙丁鱼、洋葱，炒熟。

分取还未炒的卷心菜或洋葱，加入汤汁，煮软，捣烂。

3 加入汤汁和1中准备好的米饭，中火加热、搅拌。

4 将2中煮好的团子、生奶油、奶酪粉放入3中，加入盐调味搅拌，煮沸。

咀嚼期前半期 从未放入奶酪的4中分取，加入汤汁水煮。蔬菜切成小块。

＋断奶结束期 用汤汁将味道稍稍调淡。

长成期 撒入胡椒。

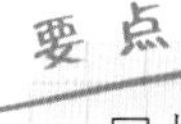

- □ 推荐使用鲣鱼海带汁。颗粒状的鲣鱼海带精也可。
- □ 奶酪也可使用易溶解的奶酪切片。

断奶结束期

红薯饭

约50分钟

< 材料 > 大人❸～❹＋宝宝❶

材料	用量
米	300g
水	540ml
红薯	300g
海带（切块）	1片
盐	5g
黑芝麻泥	少许

< 制作方法 >

1 将米淘干净，控水。然后放入水、海带，浸泡30分钟以上。红薯清洗干净，切1cm大小切块，水中浸泡5分钟左右。

2 在1中的米中加入盐，轻轻搅拌，将1中的红薯控水，放到米上，用电饭锅蒸饭。

3 米饭蒸好后，轻轻搅拌，盛到碗中。

- **味觉发育期** 在热海带汁中放入蒸好的红薯，捣烂。
- **咀嚼期** 加入汤汁，在研钵中捣碎。
- **断奶结束期** 将米饭黑芝麻泥捣烂混合。
- **长成期** 撒入黑芝麻泥。

要点

☐ 可以试着使用新鲜牛蒡、青豌豆、蚕豆等时令蔬菜。

海鲜盖浇炒面

约20分钟

< 材料 > 大人❷+宝宝❶

什锦海鲜…………………… 180~200g
中式面条…………………… 200g
干香菇（切片）………… 4g
水…………………………… 100ml
生姜（切片）…………… 1/3 片
白菜（切块）…………… 2 片
胡萝卜（切条）………… 1/4 根
A 水 …………………… 200ml
A 鸡精 ………………… 10g
A 醪糟 ………………… 15ml
B 蚝蜊酱 ……………… 10g
B 砂糖 ………………… 5g
淀粉（淀粉：5g，水：15ml ）
色拉油……………………… 15ml
盐、胡椒…………………… 少许
香油………………………… 10ml

< 制作方法 >

1 将冷冻的什锦海鲜在自然解冻，放到漏勺中控出多余水分。将面条打散，放入香油搅拌均匀，备用。干香菇用水泡发（泡香菇的水备用）。

2 平底锅中火加热，放入1中备好的面，将面散开，翻炒均匀。面条变硬后取出。

3 在同一口锅中放入色拉油，大火加热，放入生姜，炒出香味后放入白菜和胡萝卜，继续翻炒。

味觉发育期 将较嫩的白菜切碎，在另外一口锅用汤汁煮。

咀嚼期 将蔬菜切碎，加入热的汤汁，浇到米粥上。

4 蔬菜全部过油后，放入什锦海鲜，材料 A、香菇、泡香菇水，沸腾后放入白菜叶和 B 搅拌，放入盐、胡椒调味。

5 放入淀粉，搅拌黏稠，浇到2上。

断奶结束期 将食材切成小块，放到热汤汁中。将 2 中的面切成短条。

长成期 盛起后滴入香油。

要点

☐ 蚝蜊酱要少量放入。大人吃的时候滴入香油，口味更佳。

使用剩余盖浇材料制作的简单料理：

长成期
断奶结束期

韩式蔬菜煎饼

约20分钟

<材料>

土豆（切丝）………………2个
胡萝卜（切丝）……………1/2个
小松菜（切段）……………2棵

A
- 低筋面粉 ……………100g
- 淀粉 …………………50g
- 鸡骨汤精 ……………5g
- 水 ……………………200ml

香油…………………………20ml
辣椒酱………………………适量

<制作方法>

1 将A放入碗中，搅拌均匀，放入蔬菜后轻轻搅拌。 **味觉发育期** 用汤汁将蔬菜煮软。

2 平底锅烧热，放入香油，将1放入锅中，摊开，双面烤脆。

3 切成方便入口的小块。 **咀嚼期** 将烤好的煎饼切成小块，放汤汁浸泡水煮。

断奶结束期 切成便于宝宝入口的小块。

长成期 按宝宝喜好放入辣椒酱或香油，橙汁也是个不错的选择。

要点

☐ 试着放入洋葱、南瓜、苦菊等，自己制作蔬菜煎饼。
☐ 直接买煎饼粉，做起来更加方便。

蓬松的日式煎饼

●●●● 约20分钟

< 材料 > 2~3 个的分量

卷心菜（切块）……………… 1/4 个
韭菜（切段）………………… 1/3 把
猪肉（切片）………………… 4~6 片
樱花虾………………………… 10g
A
　山药（捣烂）……… 50g
　汤汁 ……………………… 100ml
　鸡蛋 ……………………… 1 个
　小麦粉 …………………… 100g
沙司…………………………… 适量
蛋黄酱………………………… 适量
海青菜………………………… 适量
木鱼花………………………… 适量
色拉油………………………… 适量

< 制作方法 >

1 将 A 放入碗中，搅拌均匀。放入蔬菜，樱花虾，用手混合均匀。

味觉发育期　A 中打入鸡蛋之前取出一部分，加入汤汁，做成小馅饼。

咀嚼期前半期　A 中打入鸡蛋之前取出一部分，另外烤成小煎饼。

2 平底锅中放色拉油，烧热，将拌好的食材放入锅中，均匀摊开，撒上薄肉片。

咀嚼期后半期　不要放肉，另外烤成小煎饼。

断奶结束期　烤成小煎饼，涂上番茄酱撒上海青菜。

3 中火烤 8~10 分钟，翻面，再烤 5~6 分钟。

长成期　盛出放在盘子中，加入沙司或蛋黄酱。最后撒上海青菜与木鱼花。

要点

- □ 可按个人喜好，放入海鲜等。大人吃可以加些猪五花肉。
- □ 切成方便宝宝入口的小块，进入断奶结束期的宝宝，可以自己拿着吃。

日式酱汁意大利面

约20分钟

<材料> 大人❷＋宝宝❶

意大利实心面	180g
大头菜（切块）	1棵
培根（切条）	3片
洋葱（切片）	1/3个
金针菇（去根、切段）	50g
橄榄油	15ml
黄油	20g
汤汁	300ml
儿童酱油	10ml
盐、胡椒粉	少许
香芹（切末）	适量

<制作方法>

1 锅中加水烧开，放入盐，煮意大利面。快熟时取出，放到漏勺上。

往另外一只锅中放入大头菜、洋葱，加入汤汁水煮，捣烂。

2 平底锅中放入橄榄油、黄油，油热后放入大头菜、培根、洋葱、金针菇翻炒。加入汤汁和儿童酱油，中火煮2~3分钟。

分取2中除培根以外的食材，切碎，在另外一只锅中放入意大利面，煮软或用微波炉加热。

将金针菇和意大利面切成宝宝容易入口的小块，加入汤汁调味。食材较硬的话，可放入微波炉中加热。

3 加入1中的意大利面，混合搅拌。放入盐调味。

长成期 撒上香芹和胡椒粉。

要点

- □ 可使用颗粒状的浓汤宝代替汤汁。推荐使用鲣鱼海带汁浓汤宝。
- □ 也可用火腿肠代替培根。使用细条意大利面味道也不错。

莲藕乌冬面

约15分钟

<材料> 大人❷+宝宝❶

材料	用量
乌冬面	2团
汤汁	600ml
莲藕（去皮，捣烂）	80~100g
香菇（去根切片）	3个
胡萝卜（切条）	1/3根
鸡胸脯肉（切片）	2个
A 酱油	15ml
A 醪糟	30ml
A 砂糖	5g
小葱（切片）	适量

<制作方法>

1 锅中放入汤汁和莲藕，煮沸，然后放入香菇、胡萝卜、鸡肉，中火煮制。

味觉发育期　将胡萝卜放入汤汁中，用另外的锅煮软，捣烂。

2 将锅中的乌冬面里放入A，将乌冬面煮熟，出锅。

咀嚼期　取出食材，加入汤汁。乌冬面切碎，微波炉加热，煮软。

断奶结束期　切成适宜入口的小块，放入汤汁，撒上葱花。

长成期　撒上葱花。根据喜好放入五香粉。

要点

□ 建议使用较浓的汤汁。莲藕泥营养丰富，并富含纤维。

蔬菜煮面片

约20分钟

< 材料 > 大人❷＋宝宝❶

面片*	200g
炸豆腐	1/2 块
胡萝卜（切条）	1/3
白菜（切丝）	菜叶 1 片
大葱	1/2 根
口蘑（去根）	1/2 块
南瓜（切块）	1/8 个
汤汁	1000ml
味噌	50g
儿童酱油	10ml

*面片放入的时间，请参考产品说明书

< 制作方法 >

1 炸豆腐用热水浸泡一下，切成1cm 宽小方块。

2 锅中放入汤汁和南瓜以外的蔬菜，水煮。

味觉发育期后期的宝宝，可以喂两种蔬菜混合的蔬菜泥

3 蔬菜煮软后，放入南瓜、炸豆腐和面片。

味觉发育期 分取蔬菜捣烂。上图为南瓜与胡萝卜混合的照片。

4 面片与南瓜变软后，加入味噌，溶解后放入酱油，煮 2~3 分钟。

咀嚼期 将面片和蔬菜切成小块，放入汤汁。面较硬的话，可用微波炉再加热。

断奶结束期 切成易入口的小块，加入汤汁调味。

长成期 根据宝宝的喜好放入五香粉。

要点

□ 感顺滑的面片吃过很容易上瘾哦！没有面片的话，可用乌冬面等代替。

长成期

蔬菜泥挂面

约15分钟

< 材料 > 大人❷＋宝宝❶

黄瓜……………………………… 1根
西红柿…………………………… 1个
挂面……………………………… 2把
面汤……………………………… 适量
金枪鱼罐头 ………………… 1个
青紫苏（切细丝） ……… 5~6片

要点

□ 西红柿要煮熟！虽然有点麻烦，但把黄瓜和西红柿都打碎成泥才是这道菜的关键。

< 制作方法 >

1 锅中放水，烧开，放入挂面水煮。煮好后用流水洗净。

2 将西红柿和黄瓜放入面汤中，然后放入煮好的挂面。

味觉发育期 用热汤汁煮西红柿泥，浇到米粥上。

咀嚼期 将挂面切成短条，放入黄瓜泥、西红柿泥，加入汤汁煮软。

煮成黏糊糊的状态

挂面切成短条，吃起来更方便

断奶结束期＋长成期 根据喜好加入金枪鱼、青紫苏等。

宝宝只想吃碳水化合物的食物，怎么办？

A 1 岁以后，考虑调整宝宝营养的平衡。

有些宝宝只喜欢吃碳水化合物食物。宝宝 1 岁以前不必过于担心，1 岁后，就要教宝宝改变饮食喜好了。

宝宝 1 岁后，谷物、蔬菜、蛋白质等都要摄入，这样才能保证营养的均衡。妈妈们千万不要有“只要宝宝肯吃饭，怎样都可以”的想法。

每顿饭都保证营养的均衡可能比较困难。在一段时间内，确保宝宝能够吃到各种不同类别的食物就可以了。

幼儿园的断奶餐对于宝宝来说太早，真愁人啊！

A 了解宝宝在幼儿园都吃了什么东西，并观察宝宝的反应。

一般宝宝在家里能够吃一些东西后，幼儿园就会向宝宝提供饭菜了。这样宝宝就有可能在幼儿园吃了较硬、或以前在家里没有吃过的食物。由于宝宝还不能告诉我们他吃过什么东西，这就需要家长与幼儿园交换信息，并注意观察宝宝的变化。可以将幼儿园提供的婴儿餐样品作为参考。及时与幼儿园的保育员和营养管理师商量。

喂到嘴里的食物，宝宝不咀嚼，直接吞下去。

A 调整一下断奶餐的硬度。家长给宝宝作示范是非常重要的。

1 岁以前，宝宝还没有长出臼齿，一般会用舌头和上颚捣烂食物后吞咽。给 1 岁以前的宝宝喂块状的食物，宝宝很容易养成吞咽食物的习惯，因此妈妈们要特别注意。

10~11 个月后，试着喂给宝宝一些拇指大小、煮软的萝卜或大头菜，等宝宝出现用臼齿做出咀嚼动作时，就不要只喂一些糊状的食物了，可以试着喂一些有点嚼头的蔬菜。

但最重要的还是和宝宝一起吃饭时，大人要让宝宝看到自己吃东西时“细嚼慢咽”的样子。

正所谓“父母是宝宝最好的老师”，家长如果有良好的吃饭习惯，宝宝也就会学着好好吃饭了。

没见过“示范”的宝宝，即便父母费尽心思地给宝宝做饭，从米粥开始一步一步小心翼翼地喂宝宝吃，他也无法学会咀嚼。如果从出生开始，就能一直看到父母认真吃饭的样子，相信不用特意教，宝宝也会养成一个细嚼慢咽的好习惯。

宝宝饭量太小，基本不怎么吃东西。

A 注意不要强迫宝宝吃饭。

有的宝宝天生饭量就比较小，也有的宝宝 7~8 个月后对食物还是没什么感觉。如果宝宝饭量小，但是很健康，每天也能很好地吃母乳或奶粉，身高和体重也一直在增长，就不用过于担心。

精心做好的饭菜，宝宝不喜欢吃，有可能是对食物的兴趣还没有被完全激发。本来“吃饭”是件快乐的事，如果因为父母的“不吃不行”使双方感到难受，就有点“适得其反”了。

一条路走不通我们就要换条路走。宝宝不喜欢吃饭的时候，我们可以将断奶餐暂停一段时间，只喂母乳或奶粉。即便平时不吃想吃东西的宝宝，在 1 岁 2~3 个月以后，也会突然开始想要吃些东西。

有些宝宝 1 岁半左右饭量仍然很小，本来想吃东西的时候已经能够吃一些小饭团或薄脆饼，但有时会因为稍微有些不喜欢，就把吃的东西放在一边。这样只喜欢母乳和奶粉的“母乳星人”、“奶粉星人”有时候会突然变得能够好好吃饭。

Q 宝宝总是将饭含在嘴里，不咽下去。

A 要了解宝宝这样做的原因。

对于月龄不足的宝宝，有可能是因为喂食断奶餐过早。也有可能由于食物的形状和硬度不太适合。

即便到了断奶结束期的宝宝，也有不太喜欢吃需要咀嚼的食物的情况。如果喂进嘴里的食物，宝宝直接就吐出来的话，可以适当的停止喂食。强迫宝宝吃饭是不可取的。一家人围在餐桌旁，一起享受吃饭的快乐吧！

第六章

蛋白质使宝宝精力更充沛

鱼、大豆、肉

蛋白质是成长必不可少的营养物质，
可以让宝宝有个健康的身体。
美味的主食菜谱，
可以让宝宝更喜欢吃饭。

逐渐适量加入蛋白质，充实宝宝的菜单

味觉发育后半期，宝宝逐渐适应蔬菜后，可试着在菜单中逐渐加入少量富含蛋白质的食物（如：大豆、鱼、肉类、鸡蛋、牛奶）等，让宝宝的营养得到均衡调整。这时，就可以做更多宝宝喜欢的美味主食了。

与蔬菜一样，蛋白质食物也可以适当的从大人的饭菜中提取出一部分，单独制作。让我们尽情享受一家人一起吃饭的快乐吧！

在这还要提一下过敏的问题。偶尔发生过敏问题有时是由蛋白质引起的。

宝宝食物过敏一般会在开始进食断奶餐的时候发生。因此要尽量在宝宝具备一定的消化能力后再断奶。在这个阶段如果妈妈们担心宝宝会有过敏现象，也可去咨询一下宝宝经常就诊的医生。

宝宝蛋白质摄入方法

●味觉发育期：宝宝味觉发育后期，可先喂少量的豆腐。在豆腐里我们可以加入少量酱油，这样会让断奶餐吃起来更有味道。待宝宝的味觉发育完成后，再试着喂一些新鲜鱼肉和脂肪较少的鸡胸脯肉等。

●咀嚼期：这个时期宝宝可以自己咀嚼食物了，在给宝宝吃东西的时候可以喂一些新鲜的鱼、瘦肉，充分加热的鸡蛋或乳制品。

●断奶结束期：这个时期可以给我们可爱的宝宝加入更多的营养配餐，如：新鲜的青鱼、充分加热后的牛奶等。

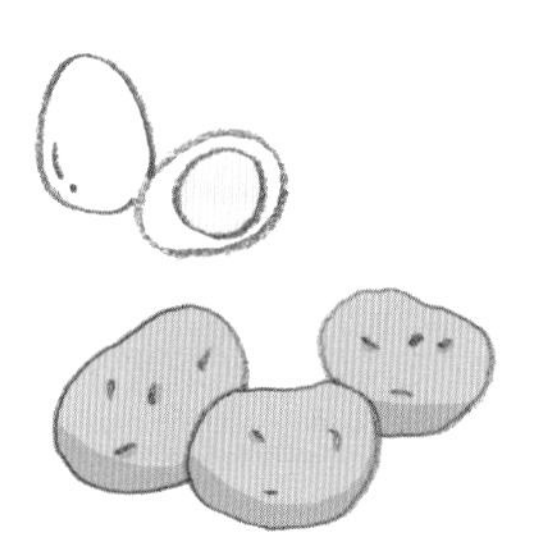

干烧鱼

●●●　约15分钟

< 材料 >　大人❷~❸+宝宝❶

红金眼鲷* ………………… 2~3块
牛蒡（去皮，切段）…… 1/4根
荷兰豆（去筋）………… 4个
生姜（去皮，切片）…… 1/2块

A
- 水 …………………… 100ml
- 醪糟 ………………… 30ml
- 儿童酱油 ………… 30ml
- 砂糖 ………………… 10g

* 也可使用生鳕鱼、比目鱼、鲷鱼切块

< 制作方法 >

1 平底锅中放入生姜与A，大火煮沸。

2 调成中火，将鱼块摆放入锅，周围放入牛蒡。

注意鱼刺

3 用铝箔纸盖盖儿，中火煮10~12分钟。煮汁还剩一半时关火。盛到盘子中，放入荷兰豆。

咀嚼期　分取，放入汤汁，并捣碎。牛蒡切碎。

断奶结束期　放入少许酱汁。鱼肉捣成小块。牛蒡，荷兰豆等切成适合宝宝入口的小块。

味道过浓时，放入汤汁稀释

长成期　盛在盘子中，放入荷兰豆。

要点

□ 在铝箔盖子的中间，开1cm大小、可卷起的小孔。
□ 牛蒡有纤维，制作宝宝断奶餐之前将纤维切断，更适于宝宝入口。放入绿色蔬菜，使这道菜的颜色更加鲜亮。

箱烤蔬菜大马哈鱼

约30分钟

< 材料 > 大人❷~❸+宝宝❶

生大马哈鱼（放入盐、胡椒）	2块
盐、胡椒	少许
土豆（切片）	1/2个
西葫芦（切片）	1/2根
A 大葱（切碎）	30g
A 味噌	30g
A 醪糟	5ml
A 砂糖	10g

< 制作方法 >

1 将A中葱花与调料混合，调成酱汁备用。

2 在耐热容器中放入蔬菜、大马哈鱼、调好的酱汁，烤炉烤15~20分钟。用铝箔纸盖住，表面不易烤焦。

用铝箔纸盖住，表面不易烤焦

味觉发育期后期：将食材用汤汁稀释捣烂，浇到米粥上喂宝宝吃。

咀嚼期＋断奶结束期：切成适合宝宝吃的小块，加入汤汁调整味道。

长成期：多放些调好的酱汁，烤后喂宝宝吃。

要点

□ 应季的鱼肉都可以使用。使用较大的耐热容器烧烤时，烤箱预热后，210℃烤15~20分钟。抹上蛋黄酱和味噌调和的“蛋黄味噌”烤制，味道更佳！

蘑菇鳕鱼烧

●●● 约30分钟

< 材料 > 大人❷＋宝宝❶

生鳕鱼块[*1]（放入盐、胡椒）… 2块
洋葱（切片）…………………… 1/4个
口蘑[*2]（去根，掰朵）……… 50g
金针菇[*2]（去根，掰散）…… 100g
柠檬（切片）…………………… 2片
黄油……………………………… 20g

*1 应季的其他鱼肉切块也可
*2 用蘑菇、灰树花、刺芹、香菇等代替均可

要点

□ 大人吃的部分，放入少量白葡萄酒，可增加烧烤的风味。

< 制作方法 >

1 铝箔纸（约25cm×2片）中依次放入洋葱、蘑菇、鳕鱼、黄油，两侧包严。中间留有空隙。封严效果才更好。

蘑菇不易消化，要切得更碎一些

2 用烤炉或烤架烧烤20~25分钟，然后放入切好的柠檬片。

咀嚼期　将鱼和蔬菜切小块，放入汤汁中。

断奶结束期　将食材切成适宜入口的小块，滴入少许酱油。

长成期　根据喜好放入酱油或五香粉。

长成期

猪肉锅

约20分钟

<材料> 大人❷+宝宝❶

- 猪肉…………………………300g
- 豆腐（切块）……………1/2块
- 生菜（撕碎）……………1/2个
- 汤汁…………………………适量
- 橙汁…………………………适量
- 芝麻酱………………………适量
- 葱花…………………………适量

<制作方法>

1 将汤汁放入锅中，中火加热，煮沸。

在猪肉放入之前分取

2 将豆腐、生菜、猪肉焯一下，食材熟后，根据个人喜好放入酱汁。

最后放入米饭或者乌冬面，就可以饱饱的吃一顿了

味觉发育期 取出豆腐、生菜，用汤汁稀释捣烂。

咀嚼期 豆腐、生菜、猪肉捣成小块，加入汤汁。

断奶结束期 将各种食材切成方便入口的小块、加入少量芝麻酱等调味。

长成期 放入、香橙、胡椒、辣油等。

要点

☐ 放入3~4种食材做成传统的火锅，就能品尝各种食材的美味了。

☐ 多吃些生菜，对排便有好处。冬天可以使用白菜等时令蔬菜。

味觉发育期　咀嚼期

韩式炖鸡翅

约35～40分钟

< 材料 >　大人❷ + 宝宝❶

鸡翅…………………………5根
土豆（切块）……………1个
米饭…………………………80g
菠菜（切段）……………3棵
水……………………………500ml
海带（切块）……………1片
生姜（去皮，切片）……1/2块
料酒…………………………5g
儿童酱油……………………5g
盐……………………………少许
香油…………………………适量

要点

☐ 大人可根据喜好放入胡椒粉、海苔、辣椒酱、辣油等。
☐ 煮的时间越长，鸡翅越烂，味道越好。

< 制作方法 >

1 锅中放入水、海带、土豆、米饭，煮沸后取出海带，然后中火煮10分钟。
味觉发育期　取出土豆和米饭，捣烂。

2 放入鸡翅、料酒、生姜，盖盖儿（留出小缝），小火炖20分钟（去浮沫）。

3 用铝箔纸盖盖儿，中火煮10~12分钟。煮汁还剩一半时关火。盛到盘子中，放入荷兰豆。
咀嚼期　在味道很淡时分取，将食材捣碎。
断奶结束期　在淡味时分取，捣成适合宝宝食用的小块，肉捣碎，
长成期　加一些香油。

猪肉炖萝卜

●●●●● 约25分钟

< 材料 > 大人❷~❸+宝宝❶

猪里脊*（切块）……… 250g

白萝卜（切块）………… 250g

汤汁……………………… 400ml

萝卜叶（切段）………… 适量

生姜（去皮，切片）…… 1/2块

A
- 砂糖 ……………… 15g
- 料酒 ……………… 15ml
- 儿童酱油 ………… 30ml
- 醪糟 ……………… 30ml

色拉油…………………… 15ml

< 制作方法 >

1 用热盐水将萝卜叶焯一下，备用。

2 锅中放入色拉油，烧热后放入猪肉翻炒，炒至表面变色。用吸油纸将多余油脂轻轻吸干。

3 在2中放入萝卜、汤汁、生姜，中火煮15分钟，去浮沫。

味觉发育期 萝卜用另外的锅煮，捣烂。

4 将材料A放入3中，煮汁剩1/3时，换小火（盖盖儿更容易入味）。

将萝卜捣烂，猪肉切碎。加入汤汁调整味道。

5 盛起，撒上萝卜叶。放入鸡蛋一起煮，更加丰盛。

咀嚼期后半期 将萝卜捣烂，猪肉切碎。加入汤汁调整味道。

断奶结束期 切成容易入口的小块，放入汤汁调淡味道。

要点

□ 萝卜在调味前慢慢炖过一段时间后会非常软。如果买的是带叶的萝卜，可以将萝卜叶用热水焯一下，出锅后撒入。

长成期

红薯炖鸡肉

●●●●　约25分钟

＜材料＞　大人❷~❸+宝宝❶

材料	用量
红薯（切片）	250g
鸡翅	5~6个
菜豆（去蒂）	4根
生姜（去皮，切片）	1/2块
汤汁	400ml
A 儿童酱油	15ml
A 料酒	15ml
A 醪糟	15ml
A 白味噌*	30g
A 白芝麻酱	适量

*没有白味噌的话，可用其他味噌

＜制作方法＞

1 红薯在水中泡10分钟，将A混合备用。

2 红薯控水，放入锅中，倒入汤汁，中火炖10分钟。

味觉发育期　分取红薯放入汤汁中，捣烂。

3 将红薯放到锅的一边，放入鸡翅和生姜，煮5分钟。

咀嚼期　红薯捣碎，鸡肉撕开，用汤汁稀释。

给宝宝分取鸡肉较软的部分

4 将A和菜豆放入3中，偶尔轻轻颠锅，使食材混合，加热均匀。煮5分钟。煮汁变稍后，放入白芝麻酱，混合均匀。

断奶结束期　将食材切成方便宝宝入口的小块，鸡肉去骨，将肉丝撕碎，放入汤汁调整味道。

长成期　根据喜好滴入香油。

要点

☐ 预先将鸡翅表面的油烤一下再煮，味道更好。

洋葱酱豆腐汉堡

约25分钟

< 材料 > 大人❷~❸+宝宝❶

豆腐		170g
水煮大豆		120g
鸡肉泥		160g
西蓝花（掰块）		适量
A	面包粉（放入1大勺牛奶中，浸泡备用）	15g
	味噌	15g
	鸡蛋	1个
汤汁		150ml
洋葱（切末）		1/2个
儿童酱油		15ml
B	醋	15ml
	砂糖	15g
	黄油	5g
色拉油		15ml

< 制作方法 >

1 用纸巾包住豆腐，微波炉加热2分钟。西蓝花放入热盐水中，热水焯一下。

2 用小锅，放入洋葱、汤汁，中火加热，煮至洋葱变软。

味觉发育期 将洋葱捣烂，浇到粥上给宝宝吃。

注意将洋葱纤维斩断

3 将B放入2中，煮沸，制成酱汁。

4 碗中放入豆腐、大豆、鸡碎肉、材料A，搅拌至黏稠。

5 平底锅中放入色拉油，加热，将拌好的食材揉成方便入口的圆饼，盖盖儿，中火双面烤制。

咀嚼期前半期 分取，去除大豆后烤制，然后撕成方便宝宝入口的小块。

6 盛出汉堡和西蓝花，浇上3中做好的酱汁。

断奶结束期 放入捣碎的大豆，烤制，切成方便入口的小块。放入少量酱汁。

长成期 放入酱汁。

要点

□ 洋葱酱汁用处很多！与烤肉和鱼肉很搭配。用中火，盖盖儿烧烤。

日式麻婆豆腐

●●●● 约15分钟

< 材料 > 大人❷~❸+宝宝❶

牛碎肉（瘦肉）………… 80g
生姜（切末）…………… 5g
大葱（切末）…………… 10cm
豆腐（切块）…………… 1块
水煮大豆（控水）……… 60g

A
- 汤汁 ……………… 100ml
- 料酒 ……………… 30ml
- 醪糟 ……………… 15ml
- 儿童酱油 ………… 30ml
- 砂糖 ……………… 15g

色拉油…………………… 15ml
淀粉……………………… 适量
水………………………… 15ml
芝麻油…………………… 适量
小葱（切片）…………… 适量

< 制作方法 >

1 豆腐用热水煮1~2分钟。**味觉发育期** 将豆腐放入汤汁中，捣碎。

2 平底锅中放油，加热，放入生姜和大葱，炒出香味，然后放入碎肉和大豆，继续翻炒。

3 碎肉炒烂后，放入A，煮沸。翻入豆腐，搅拌3~4次，加入淀粉，调黏，放入少量香油。**咀嚼期后半期** 食材取出，放入汤汁，捣烂。大豆用研钵仔细捣碎或不喂宝宝吃。

4 盛出，撒入小葱。**断奶结束期** 大豆捣碎再喂。加入汤汁稀释。**长成期** 按喜好滴入辣油。

要点

☐ 提前将豆腐用热水煮一下，就不容易碎了。
☐ 大人可根据喜好加入辣油、五香粉等调整口味。

鸡肉花菜咖喱汤

●●●

约30分钟

< 材料 > 大人❷~❸+宝宝❶

鸡翅…………………………6~7个
花椰菜（掰块）…………200g
洋葱（切末）……………1个
生姜…………………………1/2片
水……………………………500ml
浓汤宝（颗粒）…………15g
小麦粉………………………10g
咖喱粉[*1]…………………30g
A 黄油……………………10g
A 番茄酱[*2]……………30g
A 豆浆……………………100ml
A 砂糖……………………30g
色拉油………………………15ml
香芹…………………………适量
米饭或面包…………………适量

< 制作方法 >

1 色拉油加热后放入洋葱、生姜，翻炒至洋葱变成半透明后，加入鸡翅翻炒均匀。

2 加入小麦粉，炒至小麦粉完全混合，加入水、浓汤宝（颗粒）、花椰菜、中火煮10分钟。

咀嚼期前半期 将未加入咖喱粉的汤汁稀释，花椰菜取出，捣碎。

咀嚼期后半期 鸡翅去骨、揉开。花椰菜捣碎，方便宝宝食用。

3 加入咖喱粉，煮5分钟。后加入配好的食材A，小火炖5分钟后出锅。浇在米饭上。

断奶结束期 用豆浆、酸奶等稀释，调淡汤汁中的咖喱味。食材做成方便宝宝食用的小块。

长成期 可根据宝宝喜好适当加些八宝菜。也可在米饭上撒些香芹。

要点

☐ 给长成期的宝宝喂咖喱时，可在放入少量咖喱粉时分取一部分。

*1 咖喱粉通常加有其他香料，可以使用甜味的
使用有香料的咖喱粉，就不用加生姜，浓汤宝，小麦粉了
*2 没有番茄酱的情况下，可以使用番茄沙司代替

宝宝咖喱怎么做？

宝宝1岁之前，在未加入咖喱粉的时候分取出宝宝的饭是比较常见的办法。1岁以后，宝宝就可以吃一些略带咖喱味的东西。

那么，大家都是如何制作宝宝咖喱餐的呢？让我们看看有经验的妈妈用什么好办法：

“我会加入捣碎的苹果泥，给宝宝餐加点甜味”——（Y妈妈一个6岁的宝宝和一个未满周岁的宝宝）

“加些南瓜、红薯这些甜味的蔬菜”——（N妈妈 宝宝3岁）

“把菜盛到盘子里，加些原味的酸奶”——（A妈妈 宝宝5岁）

“和调好的豆浆或牛奶混在一起”——（K妈妈一个2岁的宝宝和一个1岁的宝宝）

“加入汤汁，做成日式咖喱味”——（M妈妈一个4岁的宝宝和一个不到1岁的宝宝）

“加入奶油玉米浓汤”——（T妈妈 宝宝3岁）

长成期

番茄炖肉丸

约30分钟

<材料> 大人❷~❸+宝宝❶

A	肉馅	250g
	洋葱（切末）	1/3个
	面包粉（用2大勺牛奶浸泡，备用）	30g
	鸡蛋	1个
	盐，胡椒	少量
B	番茄块	400g
	水	100ml
	浓汤宝（颗粒）	15g
	月桂	1片
	西蓝花（掰朵）	1/2棵
	土豆（切块）	2个
	黄油	5g
	牛奶	50ml
	橄榄油	15ml
	盐、胡椒	少量

<制作方法>

1 将处理好的土豆放入较大的耐热容器中，盖上保鲜膜，微波炉加热5~6分钟，加入黄油，牛奶，捣烂。

味觉发育期 将微波炉加热后的土豆捣碎，加入汤汁。

2 调配A，搅拌至黏稠。8等分，做成圆形。

3 在大的平底锅中倒入橄榄油，加热，将2放入，翻动，将表面稍微烤一下。

4 放入B，中火煮15分钟，放入西蓝花，盖盖儿，再煮5分钟。

咀嚼期 在1中的马铃薯泥中，放入少许番茄酱。

5 放入盐、胡椒调味。盛起，放入1中做好的马铃薯泥。

断奶结束期 切成宝宝容易入口的小块。酱汁味道过浓，可以加入汤汁稀释。

长成期 可放入多一些酱汁。

要点

□ 要做出好看的丸子，搅拌充分是关键。大人可以按喜好放入生奶油和奶酪粉，味道更佳。

长成期

日式牛肉锅

约25分钟

<材料> 大人❷＋宝宝❶

牛肉	300g
豆腐（切块）	1/2块
白萝卜（切片）	1/3根
胡萝卜（切片）	1根
牛蒡（切片）	1根
香菇（去根，切片）	5~6个
A 汤汁	250ml
A 儿童酱油	120ml
A 砂糖	50g
A 醪糟	30ml
鸡蛋	2个

要点

□ 最后加入乌冬面。

<制作方法>

由于锅中放入了肉，所以要用另外一个锅给宝宝做

1 将A放入锅中，煮沸，依次放入牛肉、豆腐、蔬菜。

味觉发育期 在另一个锅中放入汤汁，选取1~2种蔬菜放入（上图为白萝卜和胡萝卜），煮软，捣烂。

2 按照煮软的顺序出锅。可以适当加入汤汁，调整味道。

咀嚼期 将豆腐、蔬菜切成小块，加入热汤汁。

断奶结束期 放入鸡蛋前分取，切成方便宝宝进食的小块，放入热汤汁。

长成期 放入打好的鸡蛋。

味觉发育期　咀嚼期

宝宝边吃边玩，愁死了！

良好的吃饭习惯，是宝宝学做事的第一步。

宝宝边吃边玩是很多家长都头疼的事吧！宝宝如果不好好吃，把饭弄得到处都是，妈妈也要教育宝宝“吃饭时不要弄得到处都是哦！”，并马上收拾干净，不要放任不管。

如果宝宝很淘气，边吃边玩，妈妈就要及时制止“如果玩的话，就不要吃饭了”，把宝宝带离餐桌。宝宝吃两口便去玩，玩一会儿又回来吃，妈妈也要及时制止“在餐椅上坐好才能吃”、“跑去玩，回来就不能再吃饭了”。要用这种方式让宝宝知道吃饭的时候是不可以做其他事情。

平时饭量就不是很好的宝宝，也不要在他玩的时候，喂他东西吃。

吃什么食物可以缓解宝宝便秘。

试着调整一下宝宝断奶餐的佐料。

如果是暂时的便秘，可以试着喂宝宝吃一些苹果或香蕉。洋葱也对通便有好处。但如果是由于喂食断奶餐而导致的便秘，就需要减少饭量或将饭再做得柔软一点。

如果 3~4 天都没有便便，可以试着用棉签刺激宝宝的肛门，或让宝宝仰卧，帮助他运动手脚，促进肠胃的运动。如果宝宝反复发生较为严重的便秘现象，就要带他去看儿科大夫了。

宝宝什么时候可以开始喂牛奶和鸡蛋？

宝宝 1 岁后可以逐渐少量喂食。

牛奶与鸡蛋对宝宝来说是很不错的食物，但也并非不吃不可。考虑到过敏与消化的问题，鸡蛋最好在 1 岁后再逐渐喂给宝宝。同样，牛奶也要在 1 岁后再给宝宝吃。

一般来讲，铁含量较低的鱼类、海藻、大豆等更容易被吸收。频繁大量摄入营养价值高的牛奶、鸡蛋，容易破坏宝宝的营养均衡。牛奶和鸡蛋虽比较常见，要适量掌握，不要过分依赖。

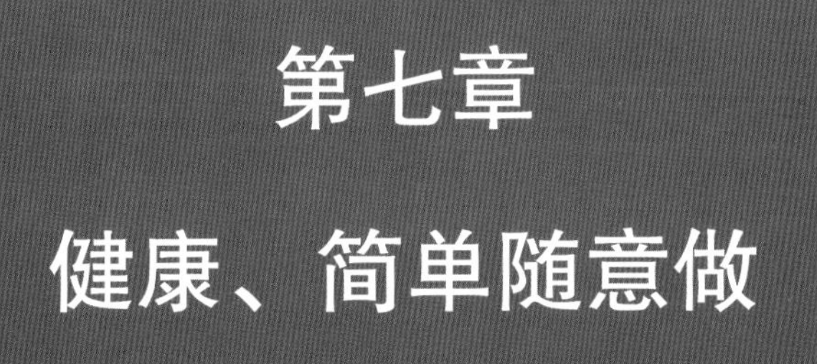

第七章

健康、简单随意做

自制手工小零食

无糖的手工小点心。
灵活地使用了水果和薯类，
制作简单，宝宝喜欢。

一般在断奶后再开始喂宝宝吃零食

宝宝适应米饭后，可以试着少量喂食一些小零食给他。

有些妈妈为了哄宝宝高兴，或者在他吵闹的时候，给一个小零食是妈妈对付宝宝的绝招吧！

对于饭量较小的宝宝，有些妈妈会觉得“什么零食都可以，总之先让他吃就好了”。但一般来说，宝宝断奶这段时间，有母乳和奶粉作为“零食”，是不需要给宝宝吃其他食物。

等宝宝 1 岁以后，就可以开始喂他吃一些零食。比起市场上含糖、盐、热量、脂肪过多的零食，还是妈妈自己制作的零食比较好。下面介绍几种使用水果、薯类、谷物、乳制品等，仅需微波炉加热、切一下、混合搅拌就能做好的简易小零食。

注意不要使零食影响到宝宝日常的饮食，不要喂很多次，每次不要喂太多。如果宝宝因为吃了好吃的零食而变得不喜欢吃米饭，那就得不偿失了。并且，摄入过多的能量，容易导致宝宝肥胖。其实断奶前的宝宝不吃零食是完全可以的。

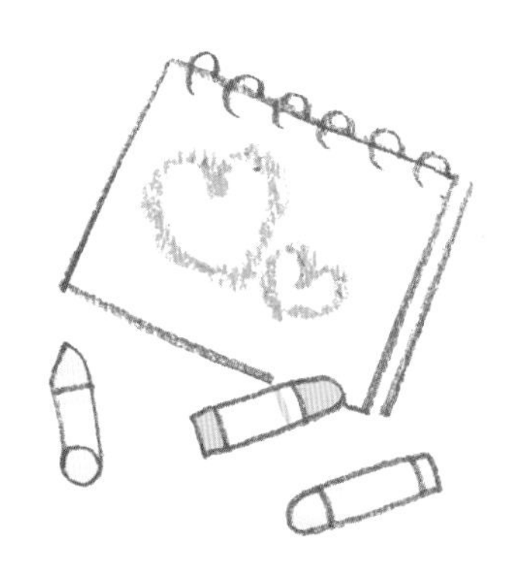

要点

□ 一般在开始断奶后，才给宝宝零食吃。

□ 从 1 岁 2、3 个月开始，如果宝宝能很好的吃饭，可以试着给他少量的零食。

□ 不要喂点心，喂一些水果或蒸红薯之类与米饭较接近的零食。

□ 尽量喂妈妈自制的零食。

□ 注意喂零食的次数和数量，不要过多。

小烧饼

●●●　约15分钟

＜材料＞ 5~6 份的量

米饭…………………………120g
小沙丁鱼干………………6g
海青菜……………………5g
色拉油……………………适量

＜制作方法＞

1 将材料放到大碗中，混合搅拌均匀。

2 放到圆形的模具中，做成圆形，然后压平。

3 平底锅中放入少量色拉油，加热，两面烤制。

要点

□ 可用木鱼花代替沙丁鱼干。在胡萝卜饭中，加入奶酪粉混合，烤制也可。

□ 大人可根据喜好放入少量酱油后烤制食用。

黄豆粉裹通心粉

●● 约10分钟

< 材料 > 大人❶＋宝宝❶

通心粉…………………… 30g
大豆粉…………………… 10g
黄砂糖…………………… 少许
盐………………………… 适量

< 制作方法 >

1 锅中放水，烧开，放入通心粉，煮软。

2 将1中的通心粉取出，放到漏勺中控水。放入大豆粉和黄砂糖搅拌。根据个人喜好放入少量食盐调味。

要点

☐ 家长试着抛弃对意大利面的传统看法来品尝这道小点吧！
☐ 放入芝麻酱或者蒸红薯，味道也同样不错！

香蕉蒸糕

●●　约20分钟

<材料> 大人❶+宝宝❶

蛋糕粉……………………… 150g

香蕉………………………… 1根

A

- 牛奶 ……………… 70ml
- 色拉油 …………… 15ml
- 鸡蛋 ……………… 1个

<制作方法>

1 将香蕉放到大碗中，用叉子背捣烂。

2 将A放入另一只碗中，混合搅拌。

3 将捣烂的香蕉、蛋糕粉放入2中，搅拌均匀，倒入模具中。

4 水烧开，将3中做好的半成品摆放到蒸具中蒸12分钟。水过少时加入一些水。

要点

□ 如果使用纸杯，蒸的过程中会受热变形，因此，尽量使用较厚的模具或将两个铝箔杯叠在一起使用。

□ 注意不要被烫伤！

苹果胡萝卜果冻

●● 约15分钟

<材料>

苹果汁…………………… 250ml
胡萝卜（切片）………… 70g
琼脂粉…………………… 5g

<制作方法>

1 锅中放水，能够没过胡萝卜即可。小火加热，煮软。

2 将1中煮好的胡萝卜盛起，控水。放入苹果汁，放入榨汁机，捣烂。

3 将2放入锅中，快要沸腾时关火，加入调好的琼脂粉混合，使琼脂粉完全溶解。

4 盛起，放到杯子中，冷却后，放入冰箱冷藏1小时，凝固。

要点

☐ 如果没有榨汁机，可使用碗捣碎。
☐ 对牛奶过敏的宝宝使用琼脂粉比较安全。

苹果酸奶速食五谷

●●● 约5分钟

<材料> 宝宝❶

苹果………………………… 1个
酸奶（原味）…………… 50ml
纯麦片…………………… 10~12g

<制作方法>

1 苹果洗净，带皮打碎成苹果泥。麦片捣碎成小碎片。

2 将1中做好的麦片与原味酸奶混合，浇上苹果泥。

要点

□ 用梨代替苹果也可以。苹果泥放入原味酸奶中立即混合的话，味道会变涩。

□ 将麦片放入塑料袋中捣碎，比较方便。

烤红薯片

约30分钟

< 材料 >

红薯………………………… 1个

盐………………………… 适量

< 制作方法 >

1 红薯洗净，带皮切片（越薄越好），水中浸泡10分钟。

2 用吸油纸等将1中薯片表面水分吸干，放到烤箱托盘中，注意尽量不要重叠。
烤箱温度180℃，烤20~25分钟，关火后放置5分钟后再取出。

3 大人吃可趁热撒上少许盐。

要点

☐ 时不时地看一下，不要烤焦，推荐趁热吃。南瓜、莲藕、胡萝卜均可使用。

☐ 切片越薄，口感越酥脆。

红薯卷

●●●　约15分钟

<材料>

红薯………………… 1个
牛奶（豆浆）…… 60~70ml
黄油………………… 15g
三明治面包……… 5片

<制作方法>

1 红薯去皮，切块，水中浸泡10分钟。

2 将控水后的红薯切块放入耐热容器中，盖上保鲜膜，微波加热4~5分钟。

3 红薯变软后，放入牛奶和黄油，用叉子背捣烂，混合均匀。

4 在面包上薄薄地涂上3。然后从一侧卷起，用保鲜膜包好，两侧系好。切成方便入口的切片。

要点

□ 将红薯换成南瓜也非常好吃！将红薯或南瓜蒸一下，味道更佳。

豆浆吐司

●● 约15分钟

<材料> 制作2个的分量

豆浆…………………150ml
黄砂糖……………15g
面包（切块）……2大片
淀粉………………适量
黄油………………15g

<制作方法>

1 将豆浆与黄砂糖混合，搅拌均匀。

2 面包用1浸泡（使用平底的器具，使面包浸泡均匀）。

3 烤制前再取出，放到盘子中，双面撒满淀粉。平底锅放黄油，加热，中火双面烤制。

4 切成方便入口的小块。

要点

☐ 裹上淀粉再烤，不放鸡蛋也能烤得很酥脆。
☐ 大人可用黄砂糖调整甜度，也可放入蜂蜜、大豆粉等。

哪些市场上的小零食值得推荐呢

比起糖分、盐分、添加物含量高的超市零食，原味、对身体温和的零食更适合宝宝吃

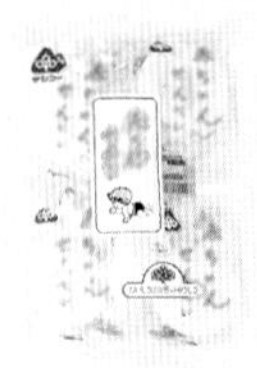

●婴儿薄饼

用大米制成的婴儿薄脆饼干。低糖低盐，入口变软。

●干红薯片

红薯干儿切片。淡淡的甜味，宝宝非常喜欢。切成长条形，宝宝可以自己拿着吃。

●“海带奶嘴”

虽然海产品一般含盐，但浓缩后味道很不错，宝宝会很开心地咬着吃。

●小鱼干

整条的小鱼，富含钙元素。淡淡的味道，宝宝会很喜欢吃。

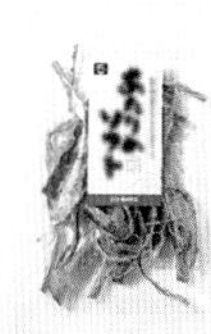

●鱿鱼条

虽然含盐有点高，但鱿鱼的香味宝宝应该会很喜欢。切成细条，宝宝会嚼个不停，是锻炼宝宝咀嚼能力的小零食。

Q 宝宝非常喜欢市场上卖的点心和果汁，真让人发愁啊！

A 大人也需要改变一下自己的饮食习惯。

市场上出售的点心、果汁等一般含糖分较多。即便是100% 的果汁，也添加了很多的糖分。宝宝喝过果汁后，有可能就不再喜欢喝水了。因此，还是最开始就不要给宝宝喝果汁比较好。

同样，吃过市场上的小点心后，宝宝饭量就会减少，宝宝成长所需的基本营养元素就不能充分补给。特别是一些味道很重的点心，宝宝吃了容易上瘾，家长一定要留心。

宝宝形成吃小点心和果汁等零食的习惯，是不是因为大人有这样的习惯呢？我们是不是买了很多点心、饮料等放在家里呢？可以的话，尽量不要买多余的零食放在家里。家里没有也不要特意去买。

Q 宝宝只喜欢吃零食，不喜欢吃米饭！

A 不要因为喜欢就给他吃，对宝宝说“不”很重要。

宝宝吃了很多零食而不吃饭，或因为给的零食少而发脾气，妈妈“真是没办法啊，这是最后一个了哦！”叹着气，又给宝宝拿出一个小零食，反反复复。这样下去，就会导致宝宝吃不下饭。虽然明知道是这样，但妈妈经常受不了宝宝撒娇而败下阵来。这时候，妈妈应该很明确地告诉宝宝“不好好吃饭就没有零食吃”。另外，“零食已经吃完了”这样拒绝宝宝的要求也非常重要。

大人宝宝之间围绕着零食的攻防大战，通过与家长之间的“讨价还价”，也算是宝宝社交能力的一点锻炼吧！

Q 宝宝坐公交车时吵吵闹闹，可以喂一些零食来哄他吗？

A 首先要搞清楚宝宝哭闹的原因。

给小零食确实是防止哭闹的简单办法，但宝宝为什么会这样呢？困了？觉得没什么好玩的？还是撒娇任性？刚乘上公交车，肚子就饿了的可能性不大。有可能由于车内人太多，感觉到不舒服。也可能由于妈妈扭头和别人说话或专心地发短信，把宝宝放在一边，宝宝觉得无聊。

给宝宝零食之前，要先问清楚宝宝哭闹的原因。如果仅仅是为了要宝宝安静一会儿而喂他零食，吃完之后，宝宝就又会哭闹起来，甚至会形成乘公交车就要吃零食的习惯，这都是要特别注意的。

零食是用来补充宝宝三餐中缺少的营养的，不是妈妈对付宝宝哭闹的办法。脱离喂宝宝零食原本的目的，乱给宝宝吃，每天像过圣诞节前夜似的，这样就糟了。

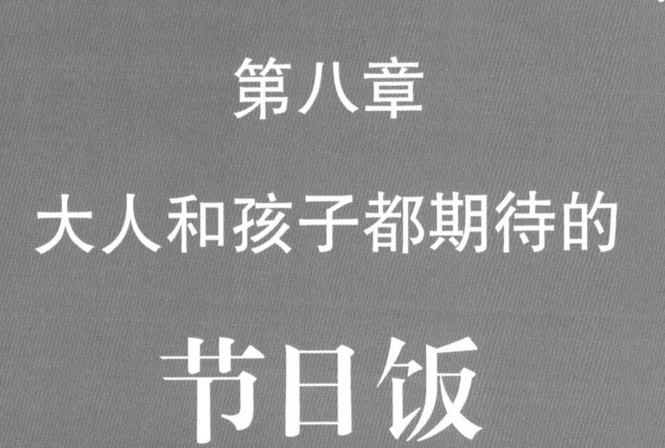

第八章

大人和孩子都期待的

节日饭

除夕夜、儿童节，

还有一家人一直期盼的宝宝周岁生日。

制作与平时不同的丰盛饭菜，

一家人一起来过个美好的节日吧！

女孩节食谱

什锦寿司

约60分钟

< 材料 >

米……………………………3份
海带（切块）……………1片
水……………………………500ml
A 醋……………………50ml
A 砂糖…………………20g
黄瓜（切片）……………2根
虾……………………………6个
咸鲑鱼………………………2段
鸡蛋…………………………1个
色拉油………………………适量
白芝麻………………………30g
海苔丝………………………适量

< 制作方法 >

1 淘米，控水5分钟。米中放入备好的水和海带浸泡30分钟，加热蒸饭。

2 在黄瓜上撒些盐，放置一会，吸干表面水分。

3 虾去尾去壳，用牙签去掉背部的虾线。锅中放入开水和一小勺料酒，水煮后竖切成两半。

4 鲑鱼用烤架烤制，去皮去骨，鱼肉撕碎。鸡蛋打碎，搅匀，放入一小撮盐，平底锅烧热，加色拉油，煎2~3个薄鸡蛋饼。

5 将蒸好的米饭放入寿司桶中，放入混合后的A，搅拌至A与米饭完全混合（提前挑出海带）。

6 将2中的黄瓜，4中的鲑鱼，以及白芝麻混合，盛到容器中，撒上切成细丝的煎鸡蛋，虾及海苔丝。

分取一些放入鲑鱼的米饭，用汤汁煮。

断奶结束期　将米饭捣碎软化。食材切成方便入口的小块。

长成期　可以放入一些生姜等调料。

要点

☐ 可用油菜花代替黄瓜。
☐ 推荐可以使用竹荚鱼干、鳗鱼蒲烧等代替鲑鱼。

文蛤汤

约5分钟

< 材料 > 大人❷＋宝宝❶

文蛤（除砂后）…………8个
汤汁（海带汤）…………500ml
料酒…………………………15ml
儿童酱油……………………30ml
盐……………………………3g
面筋球………………………适量
鸭儿芹（切块）…………适量

< 制作方法 >

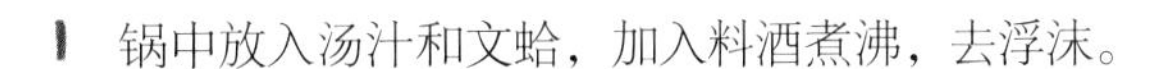

1 锅中放入汤汁和文蛤，加入料酒煮沸，去浮沫。

2 文蛤壳张开后，转成小火，放入儿童酱油、盐、面筋球。

3 盛起，放入鸭儿芹。

使用淡味的汤汁和面筋球。宝宝喜欢的话还可以放入切碎的鸭儿芹和文蛤。

要点

☐ 使用新鲜的文蛤。砂子要洗干净。除砂时使用1杯水：1小勺盐的盐水。在阴暗处放置3小时。注意煮的时间不宜过长，否则肉质会变硬。

儿童节食谱

断奶结束期

毛豆竹笋饭

●●●●　约45分钟

< 材料 >

米……………………………… 3份

A
- 汤汁 ………………… 600ml
- 料酒 ………………… 1大勺
- 儿童酱油 ………… 10ml
- 盐 …………………… 10g

竹笋……………………… 150g

炸豆腐…………………… 1块

毛豆……………………… 100g

< 制作方法 >

1 淘米，控水5分钟后，在A中浸泡30分钟。

2 竹笋去除水分，切成方便入口的小块。炸豆腐用热水焯一下，竖切成2半，然后切5cm宽方块。豆类用盐水煮一下，去豆荚后备用。

3 将1中的米，2中的竹笋、炸豆腐放到电饭锅中，混合搅拌，蒸煮。

4 蒸好后放入2中的豆类，整体搅拌混合后再蒸5分钟。

- 味觉发育期后期：取出没有放入食材的米饭，用汤汁煮，做成杂烩粥。
- 咀嚼期：取出食材，切成小块。将米饭和食材放入汤汁，软化。
- 断奶结束期：将米饭捣软。食材切成方便宝宝入口的小块。
- 长成期：可以撒些生姜等，味道更好。

芦笋玉米粥

●●●●　约10分钟

< 材料 >

芦笋（去根，切片）… 3棵

洋葱（切片）………… 1/4个

玉米…………………… 80g

浓汤宝………………… 1个

水……………………… 600ml

盐、胡椒……………… 少许

< 制作方法 >

1 锅中放入水、玉米、洋葱、煮沸，去浮沫。

- 味觉发育期：分取到另外一个锅中，将洋葱煮烂，捣碎。也可用微波炉加热。

2 放入芦笋，玉米，洋葱煮透后关火。

- 咀嚼期：洋葱、芦笋、玉米切碎用微波炉加热，软化。
- 断奶结束期：将芦笋切成方便宝宝入口的小块，加热，软化，撒些盐。
- 长成期：使用盐、胡椒调味。

用削皮器将芦笋下半较硬的部分去皮，较小的宝宝就也够吃了

鲤鱼豆腐汉堡

●●●●　约10分钟

< 材料 >

鸡肉………………………… 120g

豆腐………………………… 1/3块

洋葱（切块）…………… 1/6个

面包粉（放入2小勺牛奶混合，备用）………… 15g

鸡蛋………………………… 1个

盐、胡椒………………… 少许

水煮鹌鹑蛋（横切成2半） 2个

色拉油…………………… 适量

番茄沙司………………… 适量

< 制作方法 >

1 用纸巾包裹豆腐，放入耐热容器中，微波炉加热1分钟。

- 味觉发育期：将豆腐放入汤汁中，捣成适合宝宝入口的小块。

2 在大碗中放入鸡肉、1中的豆腐、洋葱、面包粉、鸡蛋、食盐、胡椒，搅拌黏稠。

- 咀嚼期：在放入鸡蛋和胡椒之前分取，做成小球，烤制。

3 分成4份，用保鲜膜包好，做成长方形（用保鲜膜包好后，比较容易做成鲤鱼旗的形状）。

4 平底锅中放油，加热，放入做好的3，然后放入鹌鹑蛋，小火两面烤制。

5 盛出，放在盘子中摆好。

- 断奶结束期＋长成期：放入番茄沙司，装饰成鲤鱼旗的样子。

圣诞节食谱

日式煎锅烤鸡

约30分钟

<材料> 大人❷+宝宝❶

鸡腿肉（带骨）…… 2个

A
- 儿童酱油 …… 50ml
- 料酒 ………… 50ml
- 醪糟 ………… 50ml
- 蒜 …………… 1片
- 洋葱（切片）………………… 1/2个

B
- 儿童酱油 …… 30ml
- 砂糖 ………… 15g
- 黄油 ………… 10g

小麦粉……………… 适量
土豆………………… 2个
水萝卜……………… 4~5个
橄榄油……………… 30ml

<制作方法>

1 将A与鸡肉放入塑料袋中，放平。冰箱冷藏入味半天至一晚。

2 烤前30~40分钟，将1中腌渍的鸡肉取出，常温放置。

3 土豆洗净，带皮4等分，放入耐热容器，盖上保鲜膜，微波加热3~4分钟。

味觉发育期 加热后的土豆去皮，放入汤汁，捣烂。

咀嚼期前半期 加热后的土豆去皮，放入汤汁，捣碎。

咀嚼期后半期 加热后的土豆去皮，切成适合宝宝入口的小块。鸡肉去皮去骨，鸡肉撕碎成小块。

4 平底锅烧热，放入橄榄油，将2中的土豆烤出颜色，取出。

5 取出2中的鸡肉，均匀抹上小麦粉，去掉多余的面粉（浸渍汁和蔬菜不要扔掉）。在4中的平底锅中放入橄榄油，中火加热，烤5分钟，翻面，小火烤10~12分钟（可以盖上铝箔纸或锅盖）。

断奶结束期 将4中的土豆和5中的鸡肉去皮、去骨，鸡肉撕碎，浇上少量6中做好的酱汁。

6 5中的肉烤好后，盛出。在同一个锅中，放入5中的浸渍汁和蔬菜，煮沸、过滤，煮汁放回到锅中。加入B，煮至黏稠，做成酱汁。

7 盘子上盛入水萝卜、4中的土豆、5中烤好的鸡肉。

长成期 加入6中的酱汁。

奶油浓汤

约25分钟

<材料>

生鲑鱼*（切块，容易入口的小块）……… 2块
洋葱………………… 1/2个
大头菜（切块）…… 2个
胡萝卜（切块） …… 1/2个
土豆（切块）……… 1个
色拉油……………… 10ml
黄油………………… 20g
小麦粉……………… 50g
牛奶………………… 500ml
水…………………… 300ml
浓汤宝……………… 1个
盐、胡椒…………… 少许

* 可用虾或扇贝代替生鲑鱼块

<制作方法>

1 锅中放色拉油，烧热，将鲑鱼表面煎一下，出锅备用。

2 在1的锅中放入黄油，中火加热，放入蔬菜，翻炒。洋葱炒熟后转成小火。将小麦粉均匀撒入，炒至面粉完全溶解。

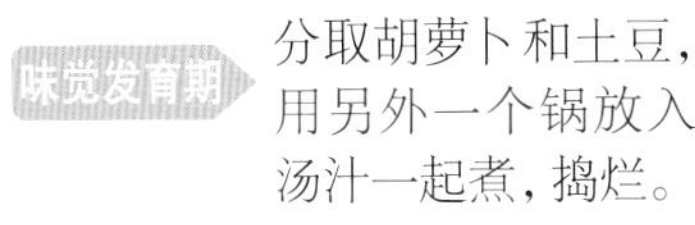

味觉发育期 分取胡萝卜和土豆，用另外一个锅放入汤汁一起煮，捣烂。

3 缓慢放入牛奶，完全融合后，放入水和浓汤宝，盖盖儿（留有一点空隙），小火煮15分钟。

4 放入1中的鲑鱼，煮3分钟。放入盐、胡椒等调味。

咀嚼期 食材切碎，加入汤汁。

断奶结束期 淡味时分取，食材切成方便入口的小块。

长成期 按照个人喜好撒入香芹。

要点

□ 减少100ml的水，放入生奶油，味道会更浓厚。使用黄油面酱制作，更加方便。

新年食谱

醋拌红白丝

●● 约10分钟

<材料> 大人❸~❹+宝宝❶

白萝卜（切丝）……… 1/2根
胡萝卜（切丝）……… 1/2根
盐……………………… 2g
A 醋……………… 30ml
A 砂糖…………… 15g
白芝麻……………… 适量

<制作方法>

1 白萝卜、胡萝卜上撒盐，静置一段时间，去除水分。

2 将A混合，与1一同放入大碗中，拌匀。

断奶结束期 调味前分取，调味料尽量少放。

长成期 撒上白芝麻。

蔬菜炖鸡肉

约30分钟

<制作方法>

1 莲藕、牛蒡在醋水中浸泡10分钟，炒之前控水。

2 干香菇泡发，去根，切成2半。魔芋用水煮，去浮沫，用漏勺控水。

3 使用较大的锅，放油，中火加热，炒鸡肉。炒至颜色变白，放入荷兰豆以外的蔬菜和魔芋，翻炒，整体过油后，放入A，大火煮沸。

味觉发育期：用另外一个锅煮胡萝卜，放入汤汁，捣烂。

咀嚼期前半期：分取鸡肉以外的食材，切碎。

4 放入调味料B，蔬菜煮软后，改成小火，并不断去除表面浮沫（盖上锅盖比较容易入味）。煮汁变少后，放入C，煮沸。出锅，撒上荷兰豆，点缀一下。

咀嚼期后半期＋断奶结束期：切成适宜入口的小块，放入汤汁调整味道。

长成期：直接喂给宝宝吃。

<材料> 方便制作的分量

鸡腿肉（切块）………… 150g
干香菇……………………… 3~4个
莲藕（去皮，切块） …… 90g
牛蒡（去皮，切块） …… 1/2根
胡萝卜（切块）………… 1/2根
竹笋（切块）…………… 100g
魔芋（切块） …………… 1/2块
A 汤汁 ……………… 500ml
A 干香菇浸泡液 …… 100ml
B 料酒 ……………… 30ml
B 儿童酱油 ………… 20ml
B 砂糖 ……………… 20g
C 儿童酱油 ………… 15ml
C 醪糟 ……………… 30ml
色拉油…………………… 15ml
荷兰豆（去蒂去筋，用盐水煮）……………… 6个

砂糖栗子泥

约25分钟

<材料> 方便制作的分量

红薯*（去皮，切片） … 250g
A 甘露煮糖汁 ……… 50ml
A 砂糖 ……………… 35g
醪糟……………………… 15ml
栗子露…………………… 5~6粒

*红薯皮纤维较多，去皮时去深一点

<制作方法>

1 红薯在水中浸泡20分钟，去涩味。

2 锅中放红薯，水（分量外），水没过红薯即可，煮软。

3 关火，将红薯捞出，控水。放回锅中，趁热用叉子背将红薯捣烂。

味觉发育期：分取，放入研钵中，加入汤汁捣烂。

咀嚼期：加入汤汁，轻轻捣碎。

4 放入A，转小火，用木铲不断搅拌，加热至颜色鲜亮。

断奶结束期：红薯中放入少量A时分取。也可撒些捣碎的栗子。

5 稍稍凝固之后，放入醪糟和栗子露，混合搅拌。

长成期：盛出，喂宝宝吃。

杂煮

约20分钟

<制作方法>

1 鸡胸脯肉裹淀粉，掸掉多余的粉末。

2 锅中放入汤汁和料酒，中火加热，沸腾前放入1和口蘑，煮沸。转成小火，放入儿童酱油、盐调味，放入鱼糕，煮2~3分钟。盛起，撒入小松菜。

咀嚼期：放入汤汁，浇在米粥上。小松菜、口蘑切碎，鸡胸脯肉撕碎。

断奶结束期：放入汤汁，放入切成短条的乌冬面或软饭一起煮。食材切成方便入口的小块。

长成期：碗中放入年糕，倒入2，撒上柚子皮。

<材料> 大人4＋宝宝1

鸡胸脯肉（切片）…………… 2块
淀粉………………………………… 适量
口蘑（去根，掰朵）………… 50g
汤汁………………………………… 800ml
料酒………………………………… 15ml
儿童酱油…………………………… 15ml
盐…………………………………… 少许
鱼糕（薄片）…………………… 4cm
小松菜（盐水煮，切段）…… 2棵
年糕（烤年糕）………………… 4个
柚子皮（切丝）………………… 适量

生日食谱

酸奶海绵蛋糕

●● 约40分钟

< 材料 >

鸡蛋清…………… 2个
鸡蛋黄…………… 2个
细砂糖…………… 50g
蛋糕粉…………… 60g
无盐黄油………… 15g
香草精…………… 少许
A 水………… 15ml
A 白砂糖…… 15g
纯酸奶…………… 60g
生奶油…………… 100ml~120ml
细砂糖…………… 10g
香蕉……………… 1/2根
烘培纸…………… 适量

< 制作方法 >

1 在模具内涂黄油、撒小麦粉，多余的粉末掸掉。模具底部垫一张剪成圆形烘培。酸奶过滤，去除水分。

2 蛋糕粉过筛，备用。黄油放入耐热容器中，微波炉加热30秒，溶解。

3 用一只大碗，放入蛋清，细砂糖分2~3次分开放入，同时不断搅拌，至蛋清呈白色蓬松状为标准。

使用搅拌器更加方便

4 3中放入蛋黄，再搅拌3分钟左右（手动快速搅拌5~6分钟）。

5 4中放入2中融化的黄油，香草精，粉末分3次投入，并不断搅拌混合。

6 倒入1中准备好的模具中，调至170℃，在预热好的烤箱中烤25分钟。

7 加热A，制作糖汁。在大碗中放入生奶油和细砂糖，搅拌至起泡，放入1中的酸奶，混合。

8 6烧烤后取出，冷却后横切成两半，用刷子将7中调好的糖汁均匀涂抹在烤好的蛋糕上。蛋糕固化坚硬后，在切断面涂上奶油，摆好切成1cm宽的香蕉，盖上另一半，涂上酸奶奶油再装饰一下。

鸡肉多利亚饭

●●● 约20分钟

< 材料 >

鸡胸脯肉（切块）……… 1块
芦笋（切片）…………… 2根
南瓜（切块）…………… 60g
料酒……………………… 5ml
米饭……………………… 100g
奶酪粉…………………… 10g
白汁沙司………………… 60g
面包粉…………………… 适量

< 制作方法 >

1 将鸡胸脯肉、芦笋、南瓜、料酒放入耐热容器中，盖保鲜膜，微波炉加热3~3分半钟，与热米饭、奶酪粉混合。

咀嚼期 米饭中加入汤汁，捣烂。芦笋和南瓜切碎。

2 1中放入白汁沙司，面包粉，电烤炉烤15分钟（用烤箱烤温度210℃）

断奶结束期 食材切碎。也可将提前切好的食材烤一下。

番茄慕斯

●● 约15分钟

< 材料 >

番茄汁（无盐）……… 200ml
生奶油………………… 100ml
砂糖…………………… 10g
琼脂粉*……………… 5g
柠檬汁………………… 10ml

* 使用琼脂粉也是5g

< 制作方法 >

可用豆浆代替生奶油

1 生奶油中放入砂糖，打成6成发（将碗倒立，打成凝固的状态为准）。

2 锅中放入番茄汁，加热，沸腾前关火，放入琼脂胶，溶解。

3 将2放入冰水中冷却，放入柠檬汁。搅拌成糊状后，放到大碗中，将1中的生奶油分2~3次投入，混合。

4 取出，放到玻璃杯中，冰箱冷藏1小时以上，冷藏、固化。

长成期 放些盐和橄榄油，增加口感。

客人来访或家庭聚会时的食谱

凤尾鱼蔬菜沙拉

●●●　约25分钟

< 材料 >　大人❸~❹+宝宝❷~❸

蒜………………………… 4片
牛奶……………………… 200ml
凤尾鱼（脊肉）………… 6~7条
特级橄榄油……………… 150~180g
土豆（切块）…………… 2个
南瓜（切块）…………… 1/6个
胡萝卜（切块）………… 1根
西蓝花（掰朵）………… 1/2棵
小水萝卜*……………… 5~6个
香芹*（切段）………… 2根
灯笼椒*红、黄
（切丝）………………… 各1/2
法棍面包（切块）……… 1/3根
A　蛋黄酱……………… 50g
　　酸奶………………… 50ml

*给宝宝吃的时候可以先加热一下，比较容易入口

< 制作方法 >

1 首先制作凤尾鱼沙司。大蒜去皮，竖切成2半，去芯，放到小锅中。倒入牛奶，大火加热，沸腾后转小火，煮软，出锅，捣烂成泥，凤尾鱼切小碎块。

2 小锅中倒入橄榄油，放入1中的大蒜，凤尾鱼，搅拌混合，中火煮开，凤尾鱼沙司就做好了。

3 将A混合，调成酸奶沙司。

4 将土豆，南瓜，胡萝卜，西蓝花放入蒸锅蒸，或用微波炉加热后，盛在盘子中。

味觉发育期　分取蔬菜柔软的部分，放入研体中，倒入汤汁捣烂。

咀嚼期　将蔬菜捣碎，方便宝宝进食。如果吃起来困难的话，可以放入汤汁，继续煮。也可放入些法棍面包。

5 将沙司盛起。撒上切碎的法式面包和生蔬菜。

断奶结束期　分取蔬菜和面包，切碎，浇上酸奶沙司。

长成期　在蔬菜和法式面包上浇上凤尾鱼沙司。

要点

□ 生熟蔬菜都可以使用。凤尾鱼沙司可以放入瓶子中，冰箱冷藏可保存3周左右。

□ 剩余的沙司，涂在面包上，用烤炉烤一下，蒜蓉凤尾鱼吐司就做好了。

吐司比萨 ●● 约20分钟

< 材料 > 大人❷ + 宝宝❶

	白面包（切块）	4片
A	番茄沙司	15g
	蛋黄酱	30g
	奶酪	100g
B	培根（切段）	2片
	黑橄榄（切片）	适量
	洋葱（切片）	1/8个
	罗勒（叶）	3~4枚
	粗胡椒粉	少许
C	金枪鱼罐头（控水）	40g
	玉米罐头（控水）	适量

< 制作方法 >

1 将A混合，分成4等份涂到白面包上，奶酪摆在上面。

2 将1中的白面包分2片为一份，上面摆好食材（图片中大人B，宝宝C）。电烤炉中烤10~12分钟，切成方便入口的小块。

断奶结束期 切成方便宝宝入口的小块。

长成期 放入用手撕罗勒叶和粗胡椒粉。

要点

☐ 放些大人和宝宝都喜欢吃的食材。

☐ 可用香肠和火腿代替培根。

生春卷

●●●　约25分钟

＜材料＞ 大人❸＋宝宝❸

糯米纸…………………………… 9张
虾………………………………… 9个
鸡胸脯肉………………………… 1~2块
奶酪（切片）…………………… 3片
黄瓜（切段）…………………… 1根
鳄梨（切块）…………………… 1个
黄色灯笼椒（切丝）………… 1/2个
生菜片（撕块）……………… 适量
辣椒番茄沙司………………… 适量
柠檬…………………………… 适量
浇汁…………………………… 适量

＜制作方法＞

1 虾去壳去尾，用牙签剔除虾线。锅中放水、烧开，加少量盐，放入虾和鸡胸脯肉。煮好的虾竖着切成两半，鸡胸脯肉撕碎。

2 给宝宝吃的糯米纸（3片）用剪刀分成2半。在大碗中加热水，将糯米纸放入烫一下。大人用的糯米纸直接使用即可。

3 将2放在案板上摊开，卷入1或喜欢的蔬菜，然后切成2半。图片为宝宝（奶酪、黄瓜、鸡胸脯肉）、大人（虾、鳄梨、生菜片）。

咀嚼期　将食材切成方便入口的大小。

4 按喜好蘸着酱汁吃。

断奶结束期　可加一些以芝麻和酱油为主料的浇汁。

长成期　在辣椒番茄沙司中挤入柠檬汁，作为酱汁使用。

要点

□ 也可使用生火腿、鲑鱼、猪肉代替虾。烫糯米纸时，温水难以泡开，可以把水再加热一下。

断奶期宝宝喝什么好?

A 水是最好的饮料!

乳汁中含有很多水分，喂食断奶餐之前，宝宝并不会特别想喝水。如果想要给宝宝补充水分，白开水是最好不过的了。大麦茶等饮料也可以给宝宝喝，但不是特别必要。硬度较高的矿泉水容易导致宝宝便秘，家长一定要注意。

此外，除非会有发热、呕吐或腹泻的情况，否则不要给宝宝喝果汁水。喂食断奶餐的初期，吃甜味的东西，有可能会导致宝宝不喜欢吃米粥等主食。

多给宝宝吃米饭、蔬菜、鱼、肉等，还可以喂一些捣碎的苹果汁或橘子汁。宝宝不喜欢吃米饭，却对香蕉奶喜欢得不得了。

绿茶、乌龙茶等含咖啡因的饮料，虽然稀释后给宝宝喝一点也没什么大问题，但原则上还是不喝为好。建议最好还是喝白开水。

Q 宝宝吃饭的时候什么也不吃，睡觉前喊肚子饿怎么办?

A 家长保持良好的生活规律，然后看宝宝的表现。

对于断奶前的宝宝，晚上喂些母乳和奶粉等还是可以的。

一些有姐姐或哥哥的宝宝，开始喂饭时就跑到餐桌旁，喊着“我要吃，我要吃”向父母要。一家人形成一定的生活规律后，即便把宝宝放在一边，吃饭的时候他也会自己过来吃。

将给宝宝做断奶餐的精力，分散一些，做好大人自己的饭。随着宝宝的成长，也逐渐能够和宝宝一起吃饭了。

Q 宝宝吃饭很慢，每天吃饭都要花费很长时间。

A 如果一边吃一边玩的话，要告诉他吃饭已经结束了。

如果宝宝吃饭慢，但一直很认真地吃，就不要催他，让他慢慢吃完。

如果在吃饭时玩耍，感觉到饿了又回来吃，或吃一会儿就三心二意的话，要告诉宝宝“就吃到这吧！”养成一个良好的吃饭习惯是非常重要的。

虽然宝宝还小，但吃饭是伴随宝宝一生的重要事情。良好的吃饭习惯是宝宝一生的财富。

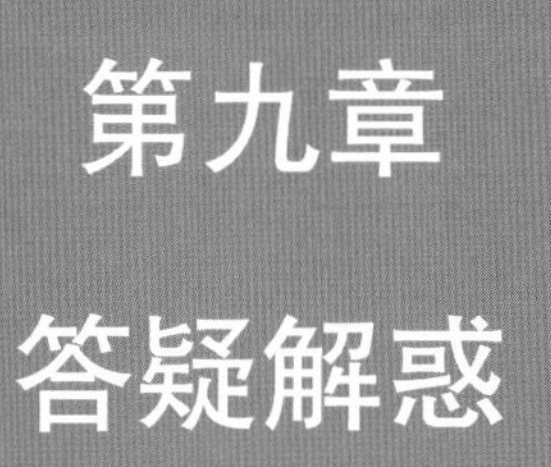

第九章

答疑解惑

断奶餐小知识

关于断奶餐的小问题。
关于宝宝牙齿和过敏的问题。
妈妈想了解的断奶餐知识大合集。
掌握这些知识，丰富自己的育儿经验。

宝宝的牙齿与断奶餐

宝宝长牙的早晚，各不相同
长出前齿和臼齿，宝宝就能吃更多的食物了

长牙的早晚因人而异

宝宝长牙是在5~6个月的时候开始，并且逐渐表现出对吃饭的兴趣。看着大人吃饭的样子，自己也会蠕动嘴巴，做出咀嚼的样子。

但不同的宝宝差异是很大的。有的宝宝3个月左右就开始长牙了，有的1岁还没有长出一颗牙齿，家长不必强行把断奶餐和宝宝牙齿的生长联系在一起。

尽管如此，牙齿的生长还是会影响到食物的选择和喂食的方法。

大部分婴儿最先长出的是下面的门牙。这时，宝宝的门牙没有咀嚼的能力，可以暂时先用勺子喂一些汤或蔬菜粥（图①）。

上面的门牙长出后，宝宝终于能够咬食物了。给他一些面包边或苹果，宝宝就能自己试着一点一点地咬了（图②）。

上下门牙各长出4颗以后，就能看到宝宝蠕动着嘴咀嚼的样子了。这时，家长可以试着喂给宝宝一些煮软的胡萝卜，或捣碎的蔬菜。也可给宝宝一些5~6cm大小的土豆块，家长也要一起咀嚼着吃给宝宝看（图③）。

到了断奶结束期，就可以给宝宝喂一些水煮萝卜或切成1cm左右的大头菜切块了，要他自己用手拿着吃。断奶结束期中期（1岁2~3个月）宝宝就可以吃一些小饭团了（图④）。

但要注意，即便进入断奶结束期，在宝宝臼齿完全长齐之前，也不要给宝宝吃较硬的胡萝卜、竹笋、牛蒡、莲藕等。吃这些无法咀嚼的东西时，宝宝一般会直接吞下去。

牙齿长全，也并不代表宝宝能够很好地咀嚼食物。如果家长不能很好地示范给宝宝看的话，宝宝是很难形成良好的咀嚼习惯的。

让我们与宝宝一起慢慢咀嚼，享受吃饭的快乐吧！

❶
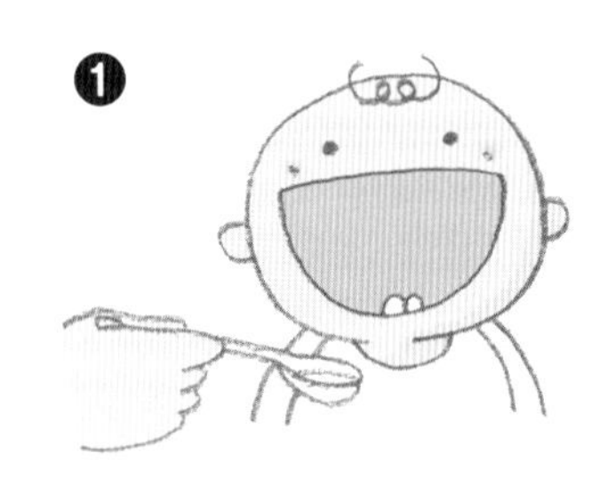

❷

❸

❹
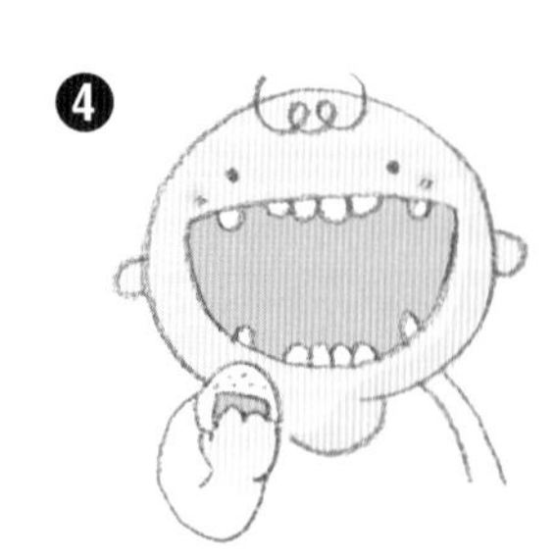

从宝宝长出第一颗牙开始，就坚持刷牙

牙齿的维护，从婴儿开始

宝宝刚长出的牙齿，表面的牙釉质较软，一旦形成蛀牙，发展的要比成年人快得多，几个月就能形成触及到神经的虫牙。防止蛀牙，首先要尽量控制喂食砂糖等甜食，从宝宝长出第一颗牙齿开始，就要给宝宝刷牙。这些基本要求与成年人是一样的。

牙齿呵护好，家长才放心

有些宝宝牙齿较为脆弱，即使已经控制了甜食的摄入，坚持刷牙，在宝宝长牙以后，也要看牙科医生。

此外，蛀牙细菌（变异链球菌）有可能通过大人传染给宝宝，所以最好不要嘴对嘴喂给宝宝食物。

正确刷牙的方法

最开始时只做个刷牙的样子即可。将宝宝仰面放到膝盖上，用儿童牙刷轻轻刷几下牙齿就可以了。如果宝宝不喜欢并反抗的话。可以先试着用手指触碰嘴唇和牙齿，慢慢让宝宝适应牙刷放入嘴里的感觉。

宝宝很多事情都喜欢模仿，大人若能经常示范给宝宝看，给宝宝刷牙也就能很顺利地进行下去了。

但要像刷珍珠那样，小心翼翼，轻轻地刷。

宝宝蛀牙和晚上喂奶

人们经常说晚上喂奶会导致宝宝蛀牙，但母乳或奶粉不是宝宝产生蛀牙的主要原因。而是由于吃甜食和细菌引起宝宝蛀牙后，有些妈妈为哄宝宝睡觉又喂些母乳或奶粉，加剧了蛀牙的发展。

虽然睡觉前宝宝喂一些加餐奶是一件很快乐的事，但宝宝吃奶时，嘴巴一直处于工作状态，宝宝反而不易入睡。并且，躺在被子里吃饭的习惯是非常不好的。教育宝宝“躺着就不要吃东西，吃东西的时候就不能睡在床上”非常重要。

睡觉前或半夜起床时喂宝宝一些母乳没什么问题，但要让宝宝起来。等他不再喝奶的时候，再将宝宝放好睡觉，让他养成好习惯。

注：婴儿时期，将宝宝仰放在膝盖上，面对面给宝宝刷牙。进入幼儿期，可以将宝宝的头放在膝盖上刷牙。

食物过敏怎么办

人人都有过敏反应

过敏容易被认为是一种不幸的特殊体质。其实，每个人都有可能发生过敏反应。

在同一间屋子，呼吸相同的空气，吃着相同的食物，有人却出现过敏反应。“对于未成熟、敏感的宝宝，断奶餐开始过早或过早断奶”会成为宝宝的“负担”。

对于过敏体质的宝宝，断奶餐要一步一步慢慢来

对于刚刚开始断奶就出现过敏症状（遗传性皮炎、过敏性鼻炎、哮喘等）的宝宝，要听取医生的建议，要比正常时间断奶的宝宝（一般5~6个月时）更缓慢（7~8个月大小）地进行。刚刚开始喂宝宝食物时，对宝宝的变化（皮肤变红、起小疙瘩、溃烂、发痒、呕吐、腹泻等）要留心，也要带宝宝去医院就诊治疗。

此外，父母或兄弟姐妹有过敏史的宝宝，也要谨慎地进行断奶。

不要自己判断，咨询一下经常就诊的医生

米饭、小麦、蔬菜等都可能引起过敏，尤其是蛋白质（鸡蛋、牛奶、大豆、鱼、肉）更是需要注意。另外，引起过敏可能并不仅仅因为食物，因此不要自己判断，带宝宝去医院按照医生的建议来进行断奶餐的喂食。

对食物过敏，也没什么大问题

婴儿时期，由于过敏而不能吃的食物，随着消化系统的成熟，渐渐又可以吃的情况很多。当食物过敏症状很轻时，不用立刻停止喂食导致过敏的食物，适当减量，并注意观察宝宝的反应，用涂抹或内服药物控制过敏即可，尽量不要影响正常的断奶餐。

容易引起过敏的三大过敏源食物

三大过敏源食物

鸡蛋、牛奶、大豆被称为三大过敏源食物，但这并不代表吃这些食物就一定会引起过敏，妈妈们不必过度担心。

第一次喂这些食物时，要注意观察宝宝的反应。制作时加热充分也非常重要。

●鸡蛋

宝宝适应鱼、肉后，可以试着喂一些少量煮鸡蛋蛋黄。没有问题的话，也可加入一些蛋白。但1岁之前尽量不要喂食。对于吃鸡肉有过敏反应的宝宝，鸡蛋是不可以吃的。

●牛奶

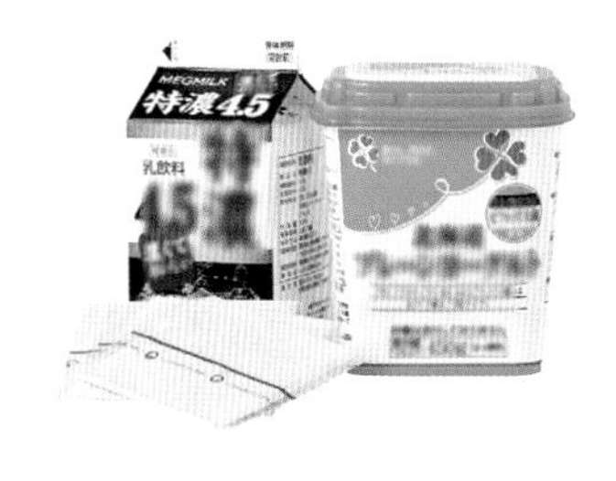

宝宝1周岁之前，尽量不要喂牛奶。1周岁之后，先从放入牛奶的食物开始，观察宝宝对牛奶的反应。接近断奶结束期，看到大人喝牛奶，宝宝也想喝的时候，可以开始喂一些充分加热后的牛奶。如果对牛奶产生一些过敏现象，就不要再给宝宝喝了。

奶酪、酸奶等味道很好的乳制品很多，宝宝很容易就会吃得过多。注意不要使宝宝对乳制品产生依赖造成不吃其他食物的状况。

●大豆

喂食豆制品首先从加热的豆腐开始。然后渐渐喂一些味噌、酱油和豆腐。 豆制品中、纳豆、大豆粉、豆浆、毛豆等都容易引起过敏，喂的时候注意要少量，并同时观察宝宝的反应。有些对大豆过敏的宝宝，对坚果、煮豆也会过敏。

要点

□ 对于过敏体质的宝宝，开始喂食断奶餐的时间要与经常就诊的医生商量，谨慎进行。

□ 食物过敏症状很多，因人而异。

□ 担心宝宝有过敏现象时，不要自己判断，咨询一下经常就诊的医生。

□ 与医生商量之后再决定是否要停止喂食菜类食物。

□ 对于食物的过敏很多情况下会随着宝宝的成长而改善。

可参照此表。

担大小按顺序进行。从容易消化的食物开始，逐步进行，不清楚的地方，米粥清汤→蔬菜→碳水化合物（粥、其他）→蛋白质。根据对宝宝负

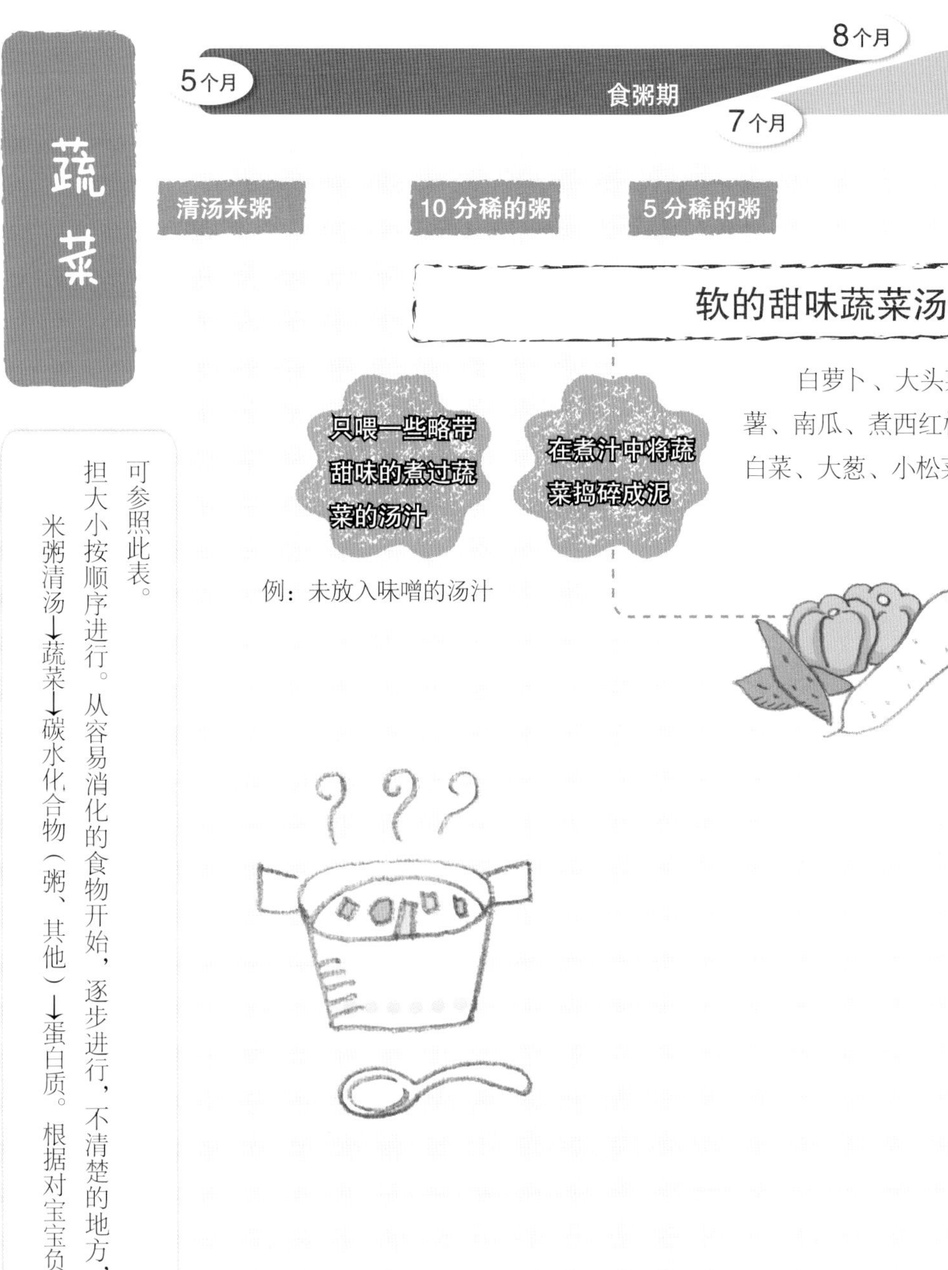

例：未放入味噌的汤汁

软的甜味蔬菜汤

白萝卜、大头菜、土豆、红薯、南瓜、煮西红柿、卷心菜、白菜、大葱、小松菜、胡萝卜。

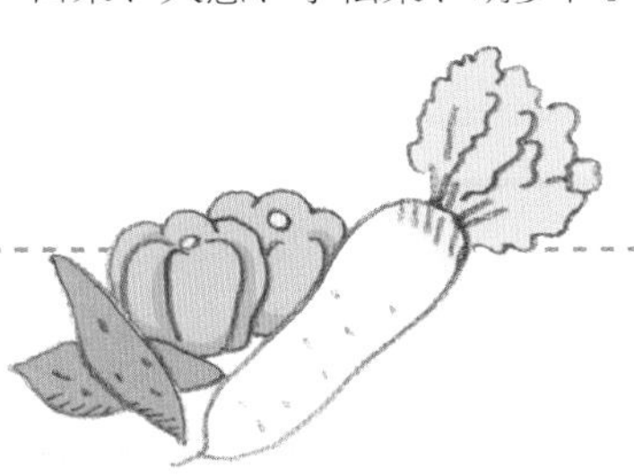

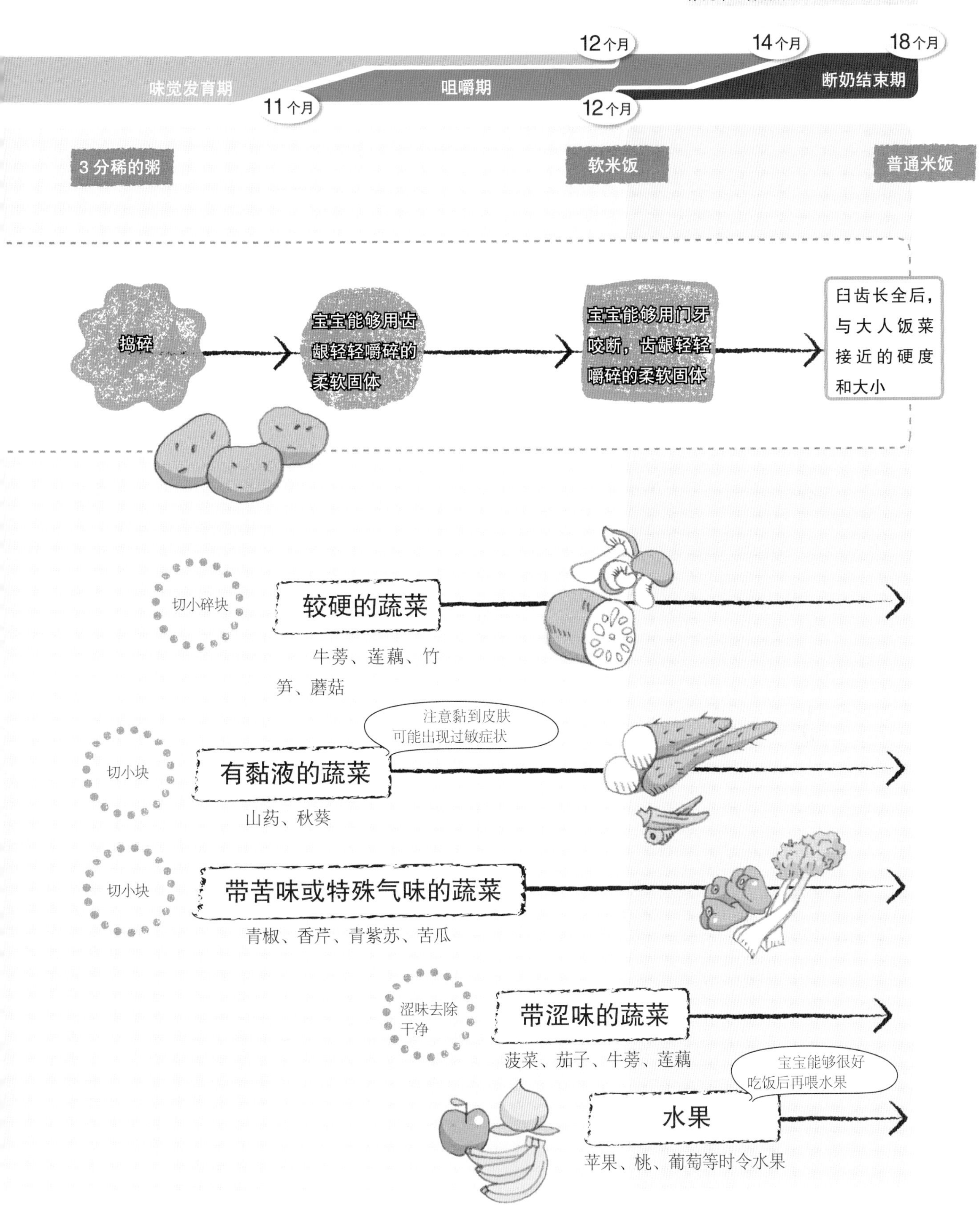
12个月
14个月
18个月
味觉发育期
咀嚼期
断奶结束期
11个月
12个月
3分稀的粥
软米饭
普通米饭
捣碎
宝宝能够用齿龈轻轻嚼碎的柔软固体
宝宝能够用门牙咬断，齿龈轻轻嚼碎的柔软固体
臼齿长全后，与大人饭菜接近的硬度和大小
切小碎块
较硬的蔬菜
牛蒡、莲藕、竹笋、蘑菇
注意黏到皮肤可能出现过敏症状
切小块
有黏液的蔬菜
山药、秋葵
切小块
带苦味或特殊气味的蔬菜
青椒、香芹、青紫苏、苦瓜
涩味去除干净
带涩味的蔬菜
菠菜、茄子、牛蒡、莲藕
宝宝能够很好吃饭后再喂水果
水果
苹果、桃、葡萄等时令水果

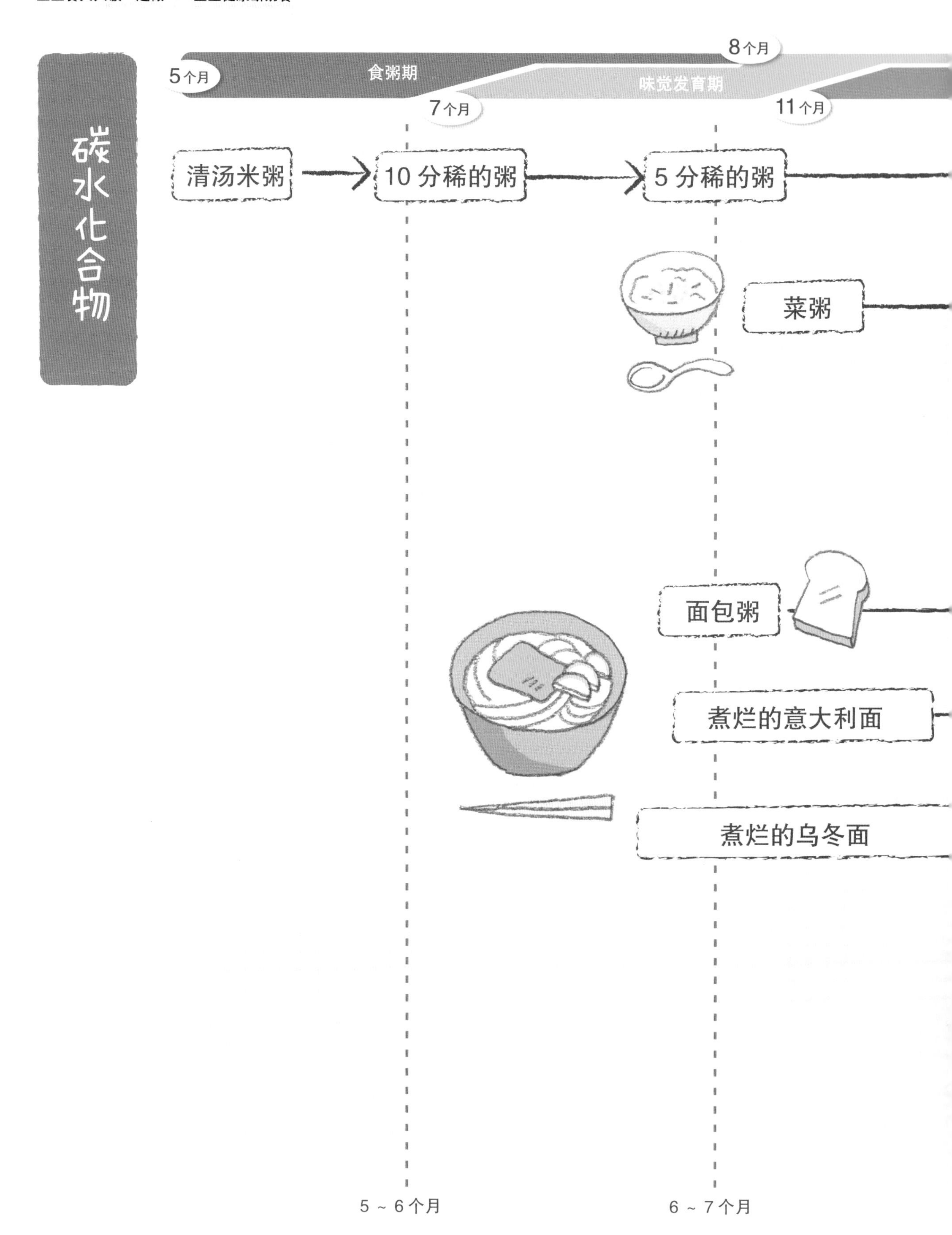
碳水化合物
5个月
食粥期
8个月
味觉发育期
7个月
11个月
清汤米粥
10分稀的粥
5分稀的粥
菜粥
面包粥
煮烂的意大利面
煮烂的乌冬面
5～6个月
6～7个月

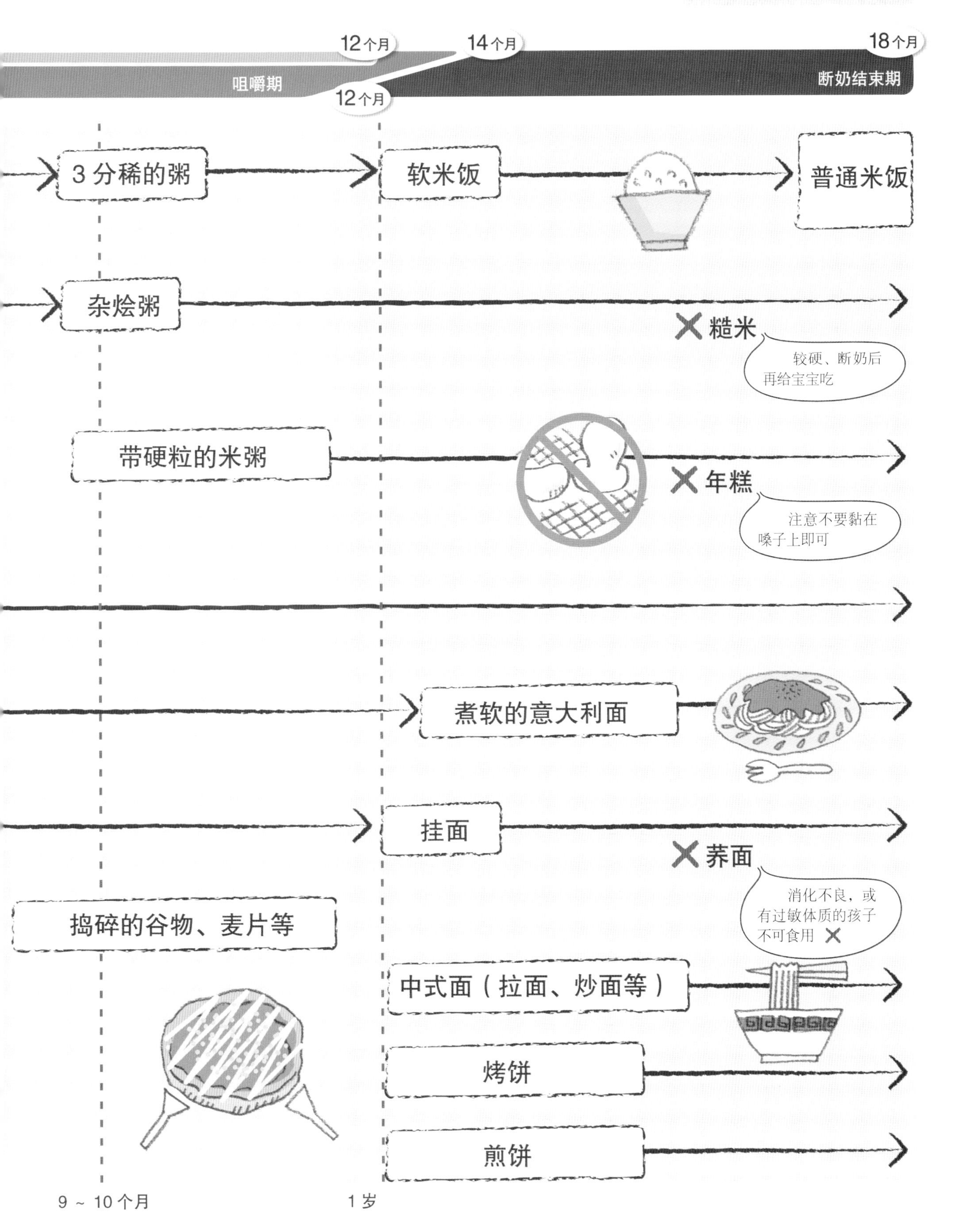
12个月
14个月
18个月
咀嚼期
12个月
断奶结束期
3分稀的粥
软米饭
普通米饭
杂烩粥
✕糙米
较硬、断奶后再给宝宝吃
带硬粒的米粥
✕年糕
注意不要黏在嗓子上即可
煮软的意大利面
挂面
✕荞面
消化不良，或有过敏体质的孩子不可食用 ✕
捣碎的谷物、麦片等
中式面（拉面、炒面等）
烤饼
煎饼
9～10个月
1岁

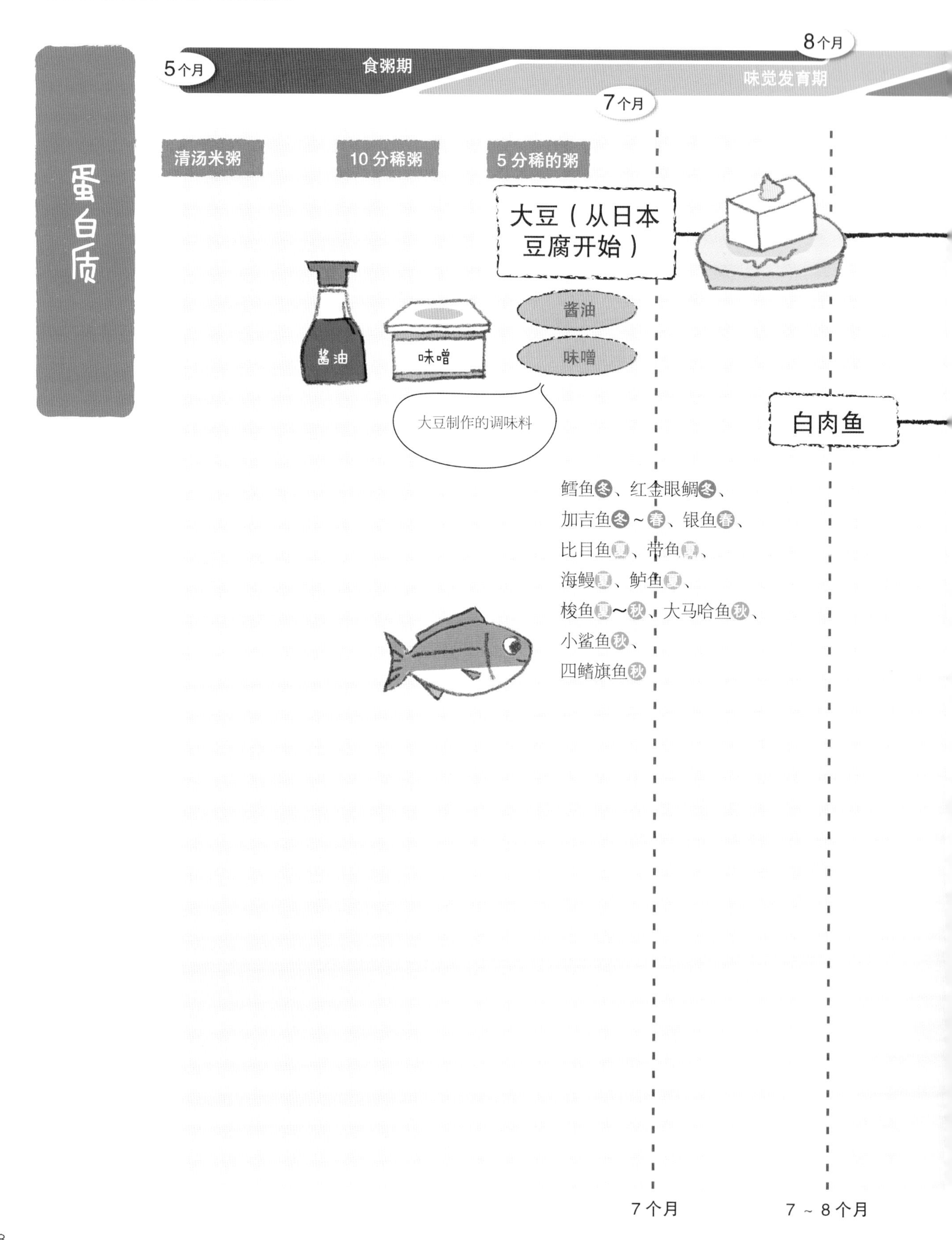
5个月
食粥期
8个月
味觉发育期
7个月
蛋白质
清汤米粥
10分稀粥
5分稀的粥
大豆（从日本豆腐开始）
酱油
味噌
酱油
味噌
大豆制作的调味料
白肉鱼
鳕鱼冬、红金眼鲷冬、
加吉鱼冬～春、银鱼春、
比目鱼夏、带鱼夏、
海鳗夏、鲈鱼夏、
梭鱼夏～秋、大马哈鱼秋、
小鲨鱼秋、
四鳍旗鱼秋
7个月
7～8个月

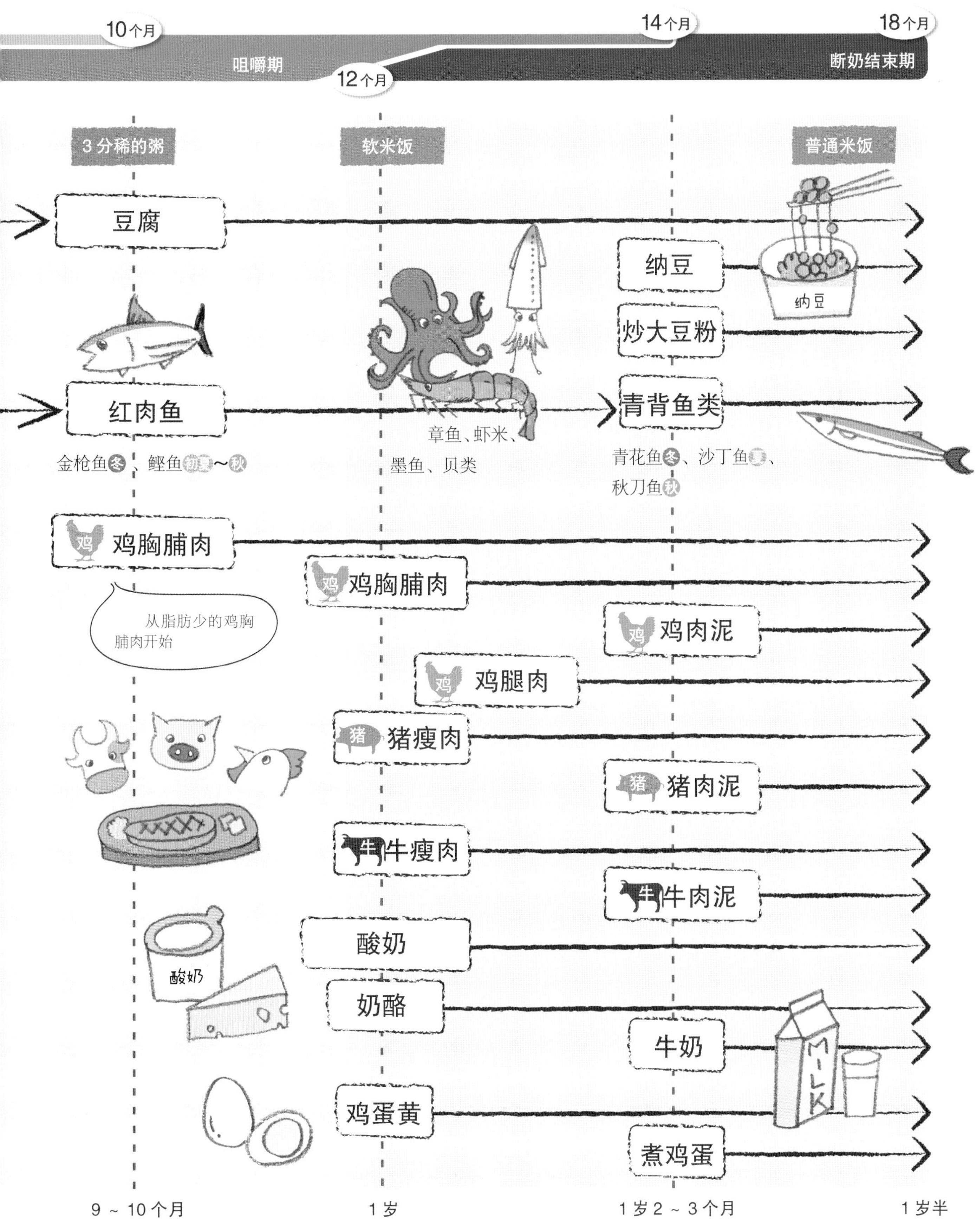
10个月
14个月
18个月
咀嚼期
断奶结束期
12个月
3分稀的粥
软米饭
普通米饭
豆腐
纳豆
纳豆
炒大豆粉
红肉鱼
青背鱼类
章鱼、虾米、
墨鱼、贝类
金枪鱼冬、鲣鱼初夏～秋
青花鱼冬、沙丁鱼夏、
秋刀鱼秋
鸡胸脯肉
鸡胸脯肉
从脂肪少的鸡胸
脯肉开始
鸡肉泥
鸡腿肉
猪瘦肉
猪肉泥
牛瘦肉
牛肉泥
酸奶
酸奶
奶酪
牛奶
MILK
鸡蛋黄
煮鸡蛋
9～10个月
1岁
1岁2～3个月
1岁半

如何使用市场上的婴儿食品度过宝宝断奶期

灵活使用婴儿食品

一般情况下，从大人的饭中分取出一部分就能满足宝宝断奶餐的需求了。但有时父母很忙，经常做不了饭或大人的饭过硬，不能给宝宝分取，或者外出等非常时期，使用婴儿食品就非常方便。

看过这本书，妈妈们有没有“一定要亲手做宝宝的断奶餐！”这样的想法，或没有自信地想着要找一些参考书来学习一下呢？是不是认为断奶餐必须由妈妈亲手制作呢？

婴儿食品是严格按照一定规格制作的

也许是由于经常听到与“狗狗食品”、“宠物食品”一起被提起，“婴儿食品”给人的第一印象也大概并不好，其实婴儿食品是为婴儿专门研究制作的安全、放心的食物，家长是可以放心使用的。

儿童营养方面的专家建议：盐分控制在断奶中后期0.5%以下、断奶结束期0.76%以下。妈妈们制作断奶餐时可以参考一下。宝宝成长适合的食物硬度、食量等也可以参考相关指标。

大人也试着与宝宝一起吃

婴儿食品没有吃完的话，大人也可以试着用到自己的菜谱中。

- 与酸奶拌在一起
- 夹在面包里吃
- 抹在咸饼干上吃
- 拌意大利面吃

各种各样的婴儿食品

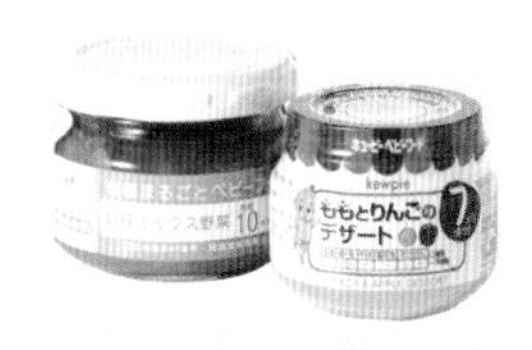

罐头婴儿食品

软罐头婴儿食品

粉末、冷冻干燥食品

灵活使用食品冷冻保存法

每天能够使用新鲜的食材当然最好，但准备些食材存在冰箱里面，紧要关头还是很有用处的。多做出的饭菜也可在冰箱中保存。妈妈们一起来学习灵活使用冰箱保存食物吧！

冷藏食物的注意事项

●新鲜的食物要快速冷冻　为尽量避免食材风味的流失，冷冻之前，要先冷却一下。为保证食材冻紧，可以切薄一些，或者放到金属托盘上面冷冻。

●挤出空气，保证密封　接触到空气的话，食材容易干燥、氧化、腐败，口味会流失很多。可以将食材用大小合适的保鲜膜或带封口的塑料袋包好，挤出空气，密封好冷冻保存。

●2周内用完　不管冷冻条件多好，为吃到美味的饭菜，冷冻保存也要有时间期限。写上放入冷冻保存的时间，尽量在2周内将食材用完。

●每次用一点的话，分成小份保存　分成小份保存，使用的时候就非常方便了。使用制冰盘时，开始要用保鲜膜将制冰盘包好，冻住后再将食材分装到密封袋中。

适合冷冻和不适合冷冻的食材

【适合冷冻】

●肉　切成小块或薄片，尽量快速冷冻。

●鱼　冷冻时将表面水分擦干，解冻时先放到冷藏层中，着急用的时候放入密封袋中，流水解冻。

●蔬菜　蔬菜等稍微煮一下，肉片可以炒一下调味，再冷冻。

●酱汁、汤汁　多做出一些，按照每次需要的量分开冷冻，用起来非常方便。

【不适合冷冻】

●水分较多、容易变质的食材　黄瓜等生鲜蔬菜以及豆腐、魔芋、生土豆等。

●冷冻后分离的食物　牛奶，酸奶等。

使用塑封袋冷冻食品的操作方法

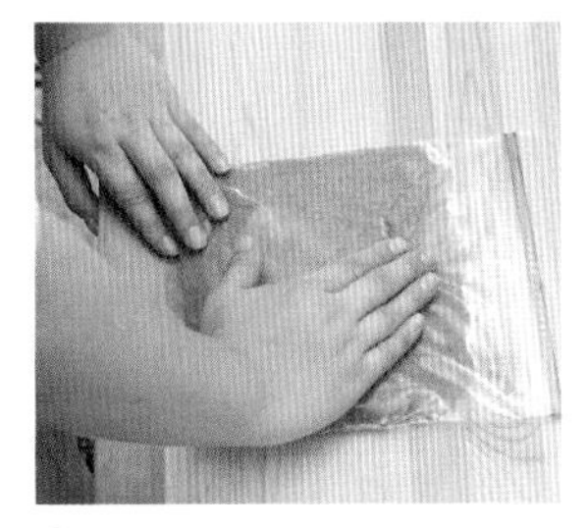

❶将袋内空气挤干净

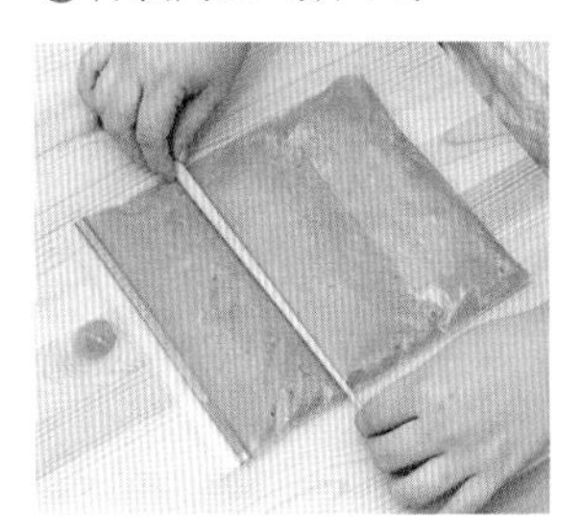

❷分出一次使用的数量，用筷子压出一条线，冷冻。使用时掰开就可以了。

市场上的冷冻食材

在家里的冰箱中保存一些食材，当不方便从大人的饭菜分取制作断奶餐的时候，就派上用场了。尽量选择选材优良，不含多余添加成分的产品。

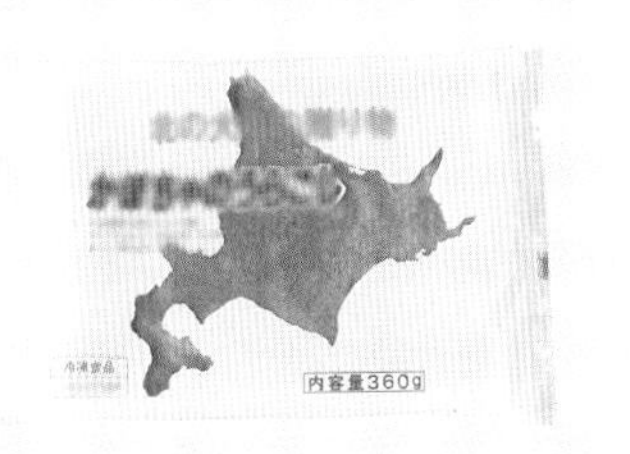

制作、喂食断奶餐时需要的便利小工具

小工具。

好用通用的厨具代替。下面就介绍一些妈妈们实际做饭去买断奶餐的厨具也可以，但使用的时间不会很长，最市场上可以买到各种各样的成套小餐具。虽然特意

做饭用小厨具

制作断奶餐时使用的各种小厨具做大人饭的时候也能用得到。借着给宝宝做断奶餐的机会买几个，做饭会变得更轻松有趣。

研钵

准备几个在桌子上就能使用的研钵是非常方便的。需要的时候可以将分取后的食物捣烂。

研钵

小汤锅

做少量饭，分取食物，加汤汁调理时小汤锅派得上大用场。只是锅比较小，加热比较快，做饭的时候要注意火候。

厨房剪

宝宝能够吃一些成型的食物后，不必用菜刀很麻烦地切，用厨房剪轻轻剪开就可以了。

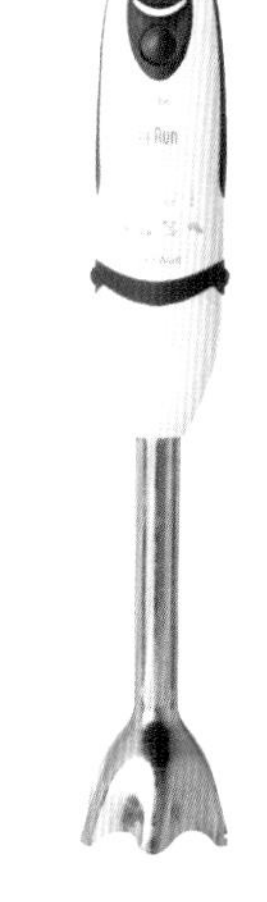

简易蒸具

没有成套的蒸具，可以将这个架在锅上。使用不锈钢和硅制成，有些还可以与锅盖配套使用。

保温料理锅

饭菜煮开沸腾后，倒入保温容器，不用开火也能慢慢煮。早上放入配好的食材，傍晚回来就能吃到可口的炖菜，可以说是上班族妈妈的好帮手。

手持搅拌器

可以直接放进锅里使用的最方便。市场上有很多种，可以参考价格和性能挑选。

厚锅、砂锅

制作好吃的米粥和炖菜，厚锅和砂锅必不可少。虽然曾经觉得什么锅都一样，但其实有一口好锅对做出美味的饭菜是很有帮助的。

餐具

市场上各种样式和功能的餐具真是数不胜数啊！选择一些使用方便的，享受美味的饭菜吧！

旅行杯

出门时带着液体也不易洒出来，可以用来装放鲜鱼片和饮料。

杯子

两侧有两个手柄的杯子，宝宝拿起来比较方便。

异形杯

设计成倾斜的样式，宝宝喝东西的时候，方便多了。

餐盘

漂亮鲜艳的图案能增进宝宝的食欲。但最好选用不易碎材质的产品。

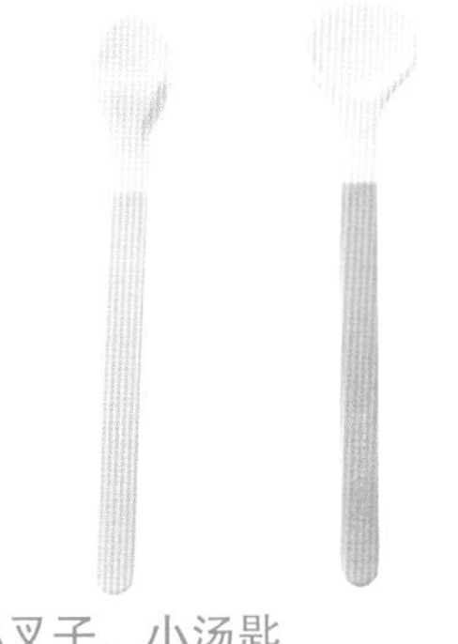

小叉子、小汤匙

设计成与宝宝嘴巴蠕动相配合的形状，给宝宝喂食时非常方便。

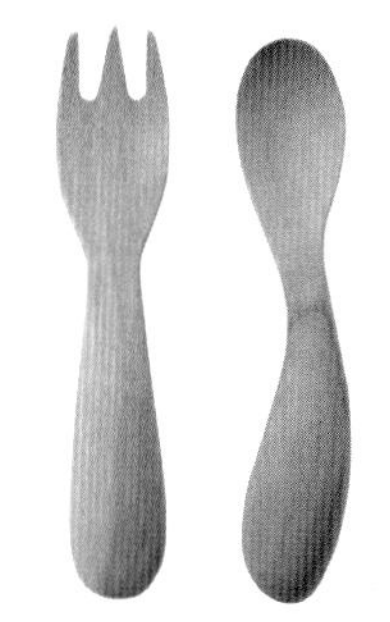

木叉子、木汤匙

对皮肤温和的木质餐具，宝宝会非常喜欢。

宝宝1岁以后，可以换成瓷或陶的材质。虽然有可能摔碎，但可以锻炼宝宝爱惜东西的好习惯。

围裙①

前面带有小口袋的围裙可应付宝宝吃饭时洒落食物的情况。

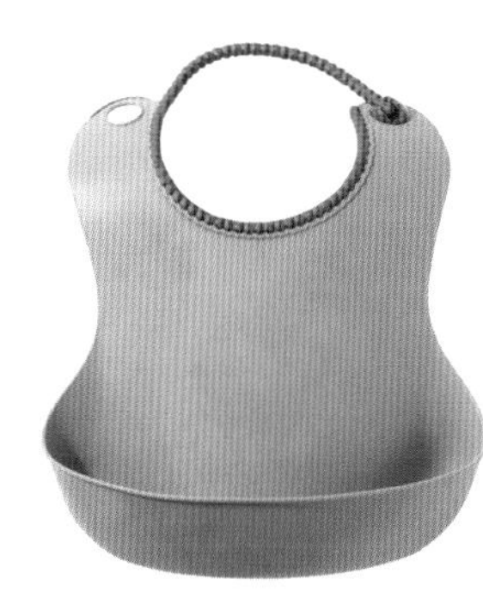

围裙②

非常方便的合成树脂小围裙。平时要保持干燥，防止发霉。